YUBING

BIAOZHUNHUA

FANGKONG

CAISE

TUJIE

袁 圣/等著

彩色图解 标准化防控 鱼病

国家大宗淡水鱼产业技术体系南京综合试验站 CARS-45-38

江苏现代农业（大宗鱼类）产业技术体系JATS（2021）519 资助

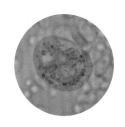

U0387924

化学工业出版社

·北京·

内容简介

本书以作者多年鱼病防治的实战总结为基础，通过大量的实拍照片展示，对鱼体检查的标准化流程的构建，塘口服务标准化流程的构建，水质检测标准化流程的构建，细菌、病毒、寄生虫、真菌等主要病原的标准化防控体系的构建，养殖中的重要细节如投饵、增氧机的管理和使用等作了详细阐述，着重传播标准化鱼病防控的理念，力求使读者通过阅读本书，理解鱼病防控的实战逻辑，提升塘口服务能力及水平，科学防控鱼病，从而降低鱼病的发生率及养殖损失，提高养殖经济效益。

本书适合水产养殖技术、管理人员，水产养殖户，大专院校相关专业师生，水产养殖培训班学员阅读参考。

图书在版编目（CIP）数据

鱼病标准化防控彩色图解/袁圣等著．—北京：化学工业出版社，2022.3（2025.1重印）
ISBN 978-7-122-40565-4

Ⅰ.①鱼…　Ⅱ.①袁…　Ⅲ.①鱼病-防治-标准化管理-图解　Ⅳ.①S943-64

中国版本图书馆CIP数据核字（2022）第010323号

责任编辑：张林爽	装帧设计：史利平
责任校对：王佳伟	

出版发行：化学工业出版社（北京市东城区青年湖南街13号　邮政编码100011）
印　　装：北京宝隆世纪印刷有限公司
710mm×1000mm　1/16　印张9¾　字数173千字　2025年1月北京第1版第5次印刷

购书咨询：010-64518888　　　　　售后服务：010-64518899
网　　址：http://www.cip.com.cn
凡购买本书，如有缺损质量问题，本社销售中心负责调换。

定　　价：78.00元

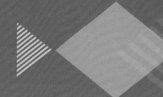

著者名单

袁　圣（江苏农牧科技职业学院）

赵　哲（河海大学）

章晋勇（青岛农业大学）

方　苹（江苏省水生动物疫病预防控制中心）

赵彦华（江苏省淡水水产研究所）

黄　桦（常州市武进区水产技术指导站）

前言

病害已经成为制约水产养殖业发展的重要瓶颈，由病害引发的损失巨大，而病害发生以后，由于缺乏系统化的防控理念，治疗效果欠佳。通过构建标准化的鱼病防控流程，包括鱼体检查流程、水质检测流程、塘口服务流程，可以提前发现养殖中存在的问题，提前对小问题进行干预，就可以避免形成更大的问题。

水产养殖投入品企业如饲料企业、动保企业等的竞争日益加大，构建落地的服务体系，使技术人员掌握务实的操作性强的一线服务方法都将是未来几年水产养殖投入品企业提高核心竞争力的关键所在。

本书在素材获得、构思、案例呈现上得到了江苏现代农业（大宗鱼类）产业技术体系、国家大宗淡水鱼产业技术体系南京综合试验站、江苏省渔业技术推广中心、江苏省水生动物疫病预防控制中心、江苏省淡水水产研究所、中国渔业协会水产养殖投入品分会等单位领导和专家的大力支持和指导，在此表示感谢。四川农业大学汪开毓教授多次对书稿的内容提出了宝贵建议，衷心表示感谢。另外由于笔者才疏学浅、知识有限，而水生动物病害发生的相关因素众多，文中难免会出现疏漏，恳请专家、读者批评指正。

著　者

第一章 　**鱼体检查的标准化**　001

一、鱼体体表的检查流程　// 002

二、鱼体体内的检查流程　// 021

（一）对内脏进行检查　// 021

（二）对消化道进行检查　// 028

（三）对血液进行检查　// 031

三、鱼体检查的注意事项　// 032

（一）在现场完成鱼体检查　// 032

（二）对濒死鱼进行检查　// 032

（三）对特定区域的鱼进行检查　// 033

（四）对养殖情况进行询问　// 033

（五）还需了解的细节　// 033

（六）通过鱼体检查需确定的内容　// 035

一、远程诊断的标准化 // 038

（一）养殖的基本情况 // 038

（二）病情描述 // 038

（三）现场图片 // 040

（四）养殖记录 // 046

（五）水质情况描述 // 047

二、现场服务的标准化 // 047

（一）开展服务的时间 // 047

（二）开展服务的地点 // 048

（三）服务的内容 // 049

（四）通过服务应该了解的信息 // 054

三、水质检测的标准化 // 054

（一）水里面有什么 // 054

（二）优良水质的作用 // 056

（三）水质恶化的危害 // 056

（四）水质检测的内容 // 057

（五）现场服务时还需关注的其他内容 // 059

（六）现场水质的测定 // 061

第三章　鱼病防控的标准化

一、细菌性疾病预防的标准化 // 064

（一）致病菌来源及传播途径 // 064

（二）致病菌的入侵途径 // 066

（三）引起免疫力下降的因素 // 069

（四）细菌性疾病的预防措施 // 070

二、细菌性疾病治疗的标准化 // 074

（一）体表的典型症状 // 074

（二）鳃部及口腔的病变 // 076

（三）内脏器官的病变 // 077

（四）其他一些细菌性疾病的典型特征 // 079

（五）细菌性疾病暴发后需注意的细节 // 080

（六）细菌性疾病治疗方案的固化 // 082

三、病毒性疾病预防的标准化 // 083

（一）病毒性疾病的发病特点 // 083

（二）病原来源及传播途径 // 084

（三）免疫力下降 // 088

（四）低溶氧胁迫 // 089

（五）病毒性疾病的预防措施 // 090

四、病毒病治疗的标准化 // 092

（一）部分病毒病的典型症状 // 094

（二）病毒性疾病的发病特征及治疗要点 // 100

（三）病毒性疾病治疗方案的固化 // 101

五、寄生虫病预防的标准化 // 102

（一）寄生虫易发的时期及诱因 // 103

（二）寄生虫病的预防措施 // 105

六、寄生虫病治疗的标准化 // 108

（一）寄生虫的分类 // 108

（二）寄生虫病的治疗方法 // 116

七、真菌性疾病防控的标准化 // 120

（一）鱼类常见真菌性疾病 // 120

（二）真菌性疾病的预防措施 // 122

（三）真菌性疾病的治疗方法 // 123

八、小型鱼病实验室的建立 // 123

（一）小型鱼病防控实验室的功能需求 // 123

（二）不同的检测诉求需要的器材 // 123

（三）小型鱼病实验室的功能分区 // 124

一、渔药选择的标准化 // 126

（一）常用的消毒剂及选择 // 126

（二）常用抗菌药及选择 // 128

（三）常用的外用杀虫剂及选择 // 130

（四）内服驱虫药及选择 // 131

（五）抗真菌药及选择 // 132

（六）免疫增强剂及选择 // 133

二、渔药使用的注意事项 // 134

（一）杀虫剂的常见使用方法 // 135

（二）消毒剂的选择和使用要点 // 135

（三）抗生素的选择 // 136

三、增氧机使用的标准化 // 138

（一）常见增氧机的类型 // 138

（二）增氧机的作用 // 140

（三）增氧机的使用时间 // 140

（四）什么时候不应该使用增氧机 // 143

四、饲料投喂的标准化 // 143

参考文献　　146

第一章

鱼体检查的标准化

通过建立标准化的鱼体检查流程及现场服务流程，可以及早发现鱼体存在的小问题，及时对小问题进行处理，避免形成更大的问题。饲料企业、动保企业未来的竞争核心也会偏重于一线服务的质量，同样需要建立标准化的服务流程。标准化的服务流程以标准化的鱼体检查为基础。

鱼体检查分为体表和体内的检查，可按照下列顺序进行：鳃丝的颜色（状况）—吻部—眼球—鳃盖—体表—鳍条—肛门—鳃丝（镜检）—内脏—消化道—血液。

一、鱼体体表的检查流程

1.对鳃丝外观进行检查

濒死鱼打捞后应第一时间打开鳃盖观察鳃丝颜色及鳃丝状态。大红鳃等疾病在濒死鱼捞出水面后不久（约10秒），鳃丝颜色即由鲜红逐渐转变为暗红（图1-1、图1-2），典型症状已经不再典型，因此需在第一时间对鳃丝颜色进行观察；然后观

图 1-1　2020 年高邮地区黄颡鱼暴发性死亡有典型的大红鳃症状

图 1-2　患大红鳃的病鱼捞出水面约 10 秒鳃丝颜色即由鲜红变为暗红

察鳃丝状态，包括鳃丝是否肿胀，是否有明显寄生虫如中华蚤（图1-3）、钩介幼虫（图1-4）及孢囊（图1-5、图1-6）等。

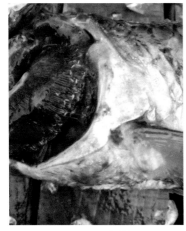

图1-3　中华蚤寄生后可见
鳃丝末端的蛆样虫体

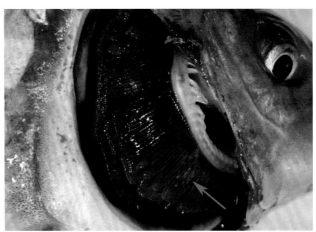

图1-4　钩介幼虫寄生时
肉眼可见鳃丝上的白点

图1-5　汪氏单极虫寄生于鳃部形成的孢囊

图1-6　瓶囊碘泡虫寄生于鳃部形成的孢囊

主要观察以下内容。

（1）鳃丝鲜红　可能的原因是：① 细菌性大红鳃病（同时具有腹腔有大量黄色半透明腹水，腹水暴露在空气中约30秒后逐渐凝固为果冻样的症状）；② 药物泼洒不均匀导致局部浓度过高，灼伤鳃丝。

（2）鳃丝发白　可能的原因是：① 造血器官病变（主要是肝胰脏病变），导致造血功能不足，表现为鳃丝发白（图1-7）；② 体内（体表）有严重的出血，如细菌性败血症，鳜鱼虹彩病毒病发生后；③ 鳃霉病；④ 指环虫（三代虫）大量寄生（鳃丝表面黏液异常增多后包裹鳃丝，外观看上去鳃丝上有一层蓝色或白色的黏液层）。

图 1-7　肝胰脏病变可导致鳃丝发白

（3）鳃丝末端有白色的蛆样虫体，鳃丝末端发白甚至腐蚀　中华蚤（图1-3）。

（4）鳃丝上有白点，黏液异常增多　① 钩介幼虫（图1-4）；② 小瓜虫；③ 尾孢虫等。

（5）鳃丝上有白色或红色孢囊　① 汪氏单极虫（图1-5）；② 瓶囊碘泡虫（图1-6）等。

2.对吻部进行检查

主要观察以下内容。

（1）吻部发白　① 车轮虫会导致白头白嘴的症状，病鱼在水中看上去吻部发白；② 细菌感染后，病灶部位色素消退，吻部外观发白。

（2）口腔充血或出血　① 红鳍红鳃盖型草鱼出血病可引起口腔充血（图1-8）；② 口腔溃疡可导致口腔出血（图1-9）；③ 口腔寄生虫继发细菌感染，引起口腔出血。

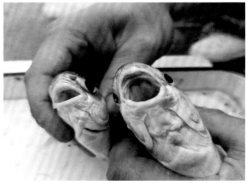

图 1-8　红鳍红鳃盖型草鱼出血病的病鱼口腔　　　图 1-9　金鲳口腔溃疡（右侧）

（3）咽喉肿大 洪湖碘泡虫寄生可引起咽喉红肿（图1-10）；

（4）口腔内寄生虫 ① 锚头蚤（图1-11、图1-12）可寄生于鱼口腔中；② 鱼怪（图1-13）可寄生于鱼口腔。

 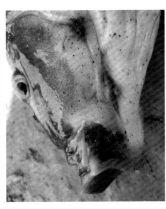 

图1-10 洪湖碘泡虫寄生后 　图1-11 鲤鱼吻部由锚头蚤 　图1-12 寄生于花鲢
引起的鲫咽喉红肿 　　　叮咬后形成的溃疡 　　　　口腔的锚头蚤

（5）上下颌形态是否正常 水体长期缺氧可导致花鲢下颌异常增生（图1-14）。

图1-13 鱼怪外观图 　　　图1-14 水体长期缺氧导致的花鲢下颌异常增生

3.对眼球进行检查

主要观察以下内容。

（1）眼球突出（图1-15） ① 竖鳞病；② 喉孢子虫病（如洪湖碘泡虫）；③ 大红鳃病；④ 急性中毒；⑤ 链球菌病等可导致眼球突出。

（2）眼球凹陷（图1-16） ① 病毒感染（如鲤鱼疱疹病毒病、草鱼出血病）；② 细菌感染；③ 慢性中毒（如亚硝酸盐中毒）；④ 某些营养元素缺乏等可导致眼球凹陷。

图 1-15　由孢子虫引起的鲫眼球突出　　　　图 1-16　草鱼出血病导致的眼球凹陷

（3）眼球发白或有白点或水晶体脱落（图1-17）　① 细菌感染后可导致眼球全部发白；② 双穴吸虫感染可见眼球内有清晰可见的小白点，镜检后可见水晶体上的鞋底状虫体（图1-18）。

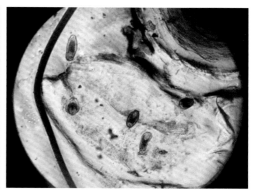

图 1-17　鳊鱼感染双穴吸虫后水晶体脱落　　图 1-18　鳊鱼水晶体中的双穴吸虫显微图

（4）眼球基部出血（图1-19）　① 细菌感染；② 体质较弱；③ 长期投喂低质饲料等可导致眼球基部出血。

图 1-19
细菌性出血病引起的青鱼鼻腔出血、眼球出血

4.对鳃盖进行检查

主要检查以下内容。

（1）通过手指触摸鳃盖 ① 鱼体健康时鳃盖表面光滑；② 维生素或其他营养缺乏时，鳃盖表面粗糙。

（2）鳃盖内表皮腐蚀，外观可见"开天窗" 细菌性烂鳃病（图1-20）。

（3）鳃盖内侧或者后缘出血 ① 异育银鲫鳃盖后缘出血病（图1-21）。② 金鲳链球菌病（图1-22）。

（4）鳃盖表面及内侧是否有寄生虫 ① 鱼虱；② 扁弯口吸虫（图1-23）。

图 1-20 患细菌性烂鳃病的草鱼鳃盖"开天窗"

图 1-21 患鳃盖后缘出血病的鲫的鳃盖

图 1-22 链球菌导致金鲳鳃盖内侧出血

图 1-23 扁弯口吸虫在鳃腔内形成的黄色包囊

5.对体表进行检查

主要观察以下内容。

（1）畸形——脊椎弯曲（图1-24）　① 水体重金属含量超标（易发生在新开挖的池塘）；② 鱼苗遭受电击；③ 某些营养元素缺乏；④ 某些寄生虫感染（如双穴吸虫急性感染）。

（2）体表溃疡或伤口　① 赤皮病（病灶部位鳞片脱落，出血发红，主要发生在腹部，图1-25）；② 疖疮（体表有突起的病灶，切开病灶，里面有脓液流出，需注意与晶状缝碘泡虫引起的孢囊的区分，图1-26）；③ 打印病（主要发生在尾柄部位，形成红色印章样病灶，图1-27）；④ 其他溃疡病（由嗜水气单胞菌、爱德华氏菌、拟态弧菌、诺卡氏菌、柱状黄杆菌、虹彩病毒等引起，见图1-28～图1-34）。

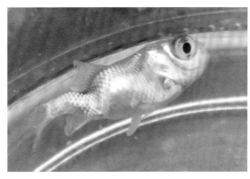

图 1-24　患畸形病的草鱼苗

图 1-25　患赤皮病的团头鲂

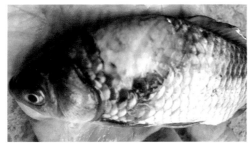

图 1-26　患疖疮的鲫

图 1-27　患打印病的白鲢

图 1-28　爱德华氏菌感染的斑点叉尾鮰

图 1-29　细菌性败血症导致的鲫鳍条基部出血

图1-30　拟态弧菌引起黄颡鱼体表的方形病灶

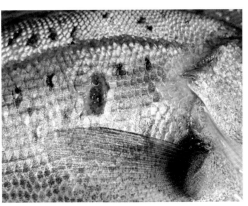

图1-31　诺卡氏菌导致海鲈体表的溃疡灶

图1-32　斑点叉尾鮰体表的针尖状出血

图1-33　柱状黄杆菌（柱形病）
导致的斑点叉尾鮰体表的溃疡

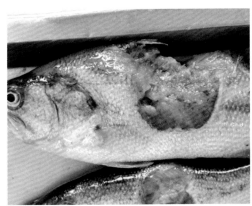

图1-34　加州鲈由虹彩病毒引起的体表溃烂

（3）体表寄生虫　① 锚头蚤（图1-35）；② 鱼虱；③ 嗜子宫线虫（图1-36）；④ 孢子虫（图1-37、图1-38）；⑤ 水蛭幼虫（图1-39、图1-40）等。

图 1-35　寄生大量锚头蚤的鳙

图 1-36　鳞片下寄生嗜子宫线虫的鲫

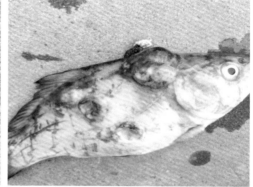

图 1-37　体表寄生吉陶单极虫的鲤

图 1-38　感染丑陋碘泡虫的鲫

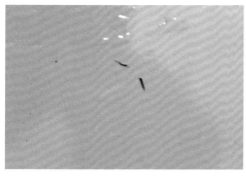
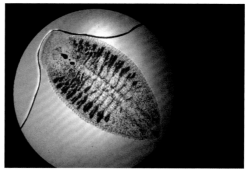

图 1-39　黄鳝体表的水蛭幼虫　　　　　图 1-40　水蛭幼虫显微图

（4）鳞片竖立（图 1-41）　① 细菌性竖鳞病；② 嗜子宫线虫感染；③ 鱼波豆虫感染。

（5）腹部膨大　① 吴李碘泡虫；② 绦虫；③ 腹水或鳔内积水（图 1-42）。

图 1-41　患竖鳞病的鲫　　　　　　　　图 1-42　患鳔积水的黄金鲫

（6）鳞片内有气泡　气泡病（图 1-43）。

（7）体表附着物　体表的黏液数量及是否有水霉（图 1-44）等絮状物等。

图 1-43　患气泡病的加州鲈苗　　　　　图 1-44　患水霉病的草鱼

6.对鳍条进行检查

主要观察以下内容。

（1）鳍条末端颜色是否发白（图1-45）　① 肝胰脏等造血器官病变；② 体表或体内有严重的出血均可导致鳍条末端发白。

（2）鳍条末端颜色是否发黑（图1-46）　① 外用药物或者内服药物引起的中毒；② 寄生虫感染（如洪湖碘泡虫感染）可导致鳍条末端或全部发黑。

图 1-45　尾鳍末端发白提示鱼体 　　　　　图 1-46　尾鳍末端发黑提示
　　　大量出血或造血器官病变 　　　　　　　　大型寄生虫感染或者中毒

（3）鳍条是否腐蚀及出血（图1-47、图1-48）　① 细菌感染；② 气泡病可引起鳍条腐蚀或出血。

图 1-47　尾鳍末端腐蚀 　　　　　　　　　　　图 1-48　尾鳍出血

（4）是否能观察到气泡（图1-49）　气泡病可在鳍条内形成气泡。

（5）是否有寄生虫　嗜子宫线虫寄生于鳍条内（图1-50），可见鳍条内有红色虫体。

图 1-49　患气泡病的鲫（示背鳍内的气泡）　　　图 1-50　嗜子宫线虫寄生于锦鲤尾鳍内

7.对肛门进行检查

看是否红肿外凸（图1-51、图1-52）。

图 1-51　患肠炎的斑点叉尾鮰，肛门红肿外凸　　　图 1-52　鳙肛门红肿外凸

至此完成鱼体体表的检查。

8.鳃丝镜检的标准化

鳃是鱼类的主要呼吸器官，也是容易病变的组织，对鳃丝镜检是鱼体检查的重要工作之一。鳃丝的镜检应做好两个标准化，分别是鳃丝水浸片制作的标准化和显微镜使用的标准化。

（1）鳃丝水浸片的制作步骤

鳃丝水浸片制作的标准化程序如下：

① 准备好数片干净的载玻片、盖玻片；

② 从图 1-53 所示部位处剪取适量鳃丝，放置于载玻片上；

③ 将剪好的鳃丝推到载玻片中间，用胶头滴管滴一滴生理盐水（或塘水）到鳃丝上；

④ 将盖玻片贴着载玻片边缘轻轻往下放，直至接触到鳃丝；

⑤ 轻压盖玻片，使鳃丝均匀分布（图 1-54）。

图 1-53　鳃丝水浸片选取位置图　　　　图 1-54　正确压片后鳃丝相互分离，便于观察

（2）鳃丝水浸片制作的注意事项

① 选取的鳃丝最好是靠近下颌部位的，此处寄生虫相对较多。

② 鳃丝剪取要适量，剪取过多会导致压片不匀，鳃丝相互重叠影响观察（图 1-55）；鳃丝剪取过少会导致样品过少，不能真实反映鳃部情况。

③ 压片时，应适度按压盖玻片，如果按压过重会将鳃组织压碎，大量的血细胞流出，影响观察结果（图 1-56）；按压过轻则会导致鳃丝相互重叠影响观察结果。

④ 压片的速度不能太快，快速按压时会有大量空气被压进水浸片中，形成气泡，影响观察（图 1-57）。

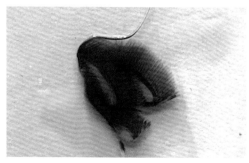 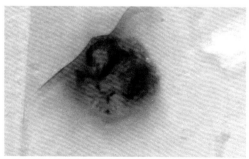

图 1-55　剪取鳃丝过多导致压片　　　　图 1-56　压片用力过大导致组织
　　　　不匀，影响观察　　　　　　　　　　　破碎，影响观察

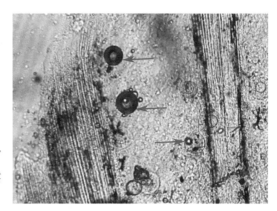

图 1-57

压片过快产生大量气泡，影响观察

（3）显微镜的操作步骤

显微镜使用的标准化步骤如下。

① 将组装好的显微镜插上电源，观察是否通电；

② 将制作好的鳃丝水浸片置于载物台上，用夹子固定好，并将物镜中的低倍镜调节至观察部位；

③ 调节粗准焦螺旋，将载物台调节至离物镜最近处；

④ 调动粗准焦螺旋，将载物台逐渐向下移动，直至看见物体；

⑤ 调动细准焦螺旋，直至观察到清晰的图像；

⑥ 对观察的结果进行记录。

（4）显微镜使用的注意事项

① 观察时，先用低倍镜观察，再用高倍镜观察（先用红色的物镜，再用黄色的物镜，见图1-58）；

② 注意光圈等的调节，往往将光圈调节到最小，观察的物体最清晰，进光量过多时视野较亮，无法观察到清晰的图像（图1-59、图1-60）；

③ 显微镜使用的插座最好有接地线，否则带水操作时存在触电的风险。

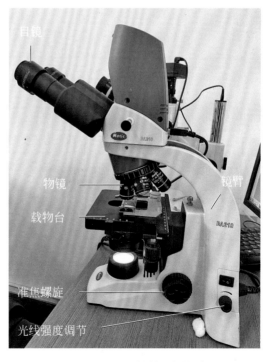

图 1-58　显微镜的外部构造

图 1-59

通过调节光圈可使观察视野更清晰

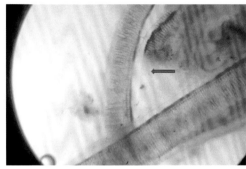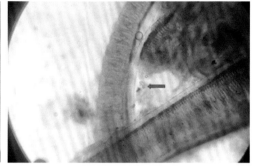

图 1-60 同一视野下的显微图片（右图为调小光圈后的图像）

（5）鳃丝观察的要点

重点观察寄生虫及鳃丝状况（图1-61）。常见的寄生虫可以通过镜检发现，如斜管虫（图1-62、图1-63）、车轮虫（图1-64）、小瓜虫（图1-65）、孢子虫（图1-66～图1-72）、杯体虫（图1-73、图1-74）、隐鞭虫（图1-75）、中华蚤（图1-76）、钩介

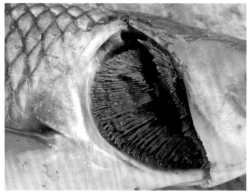

图 1-61 烂鳃发生后需对鳃丝镜检，以确定是否有寄生虫感染

幼虫（图 1-77）、指环虫（图 1-78）、三代虫（图 1-79）等；鳃丝的状况可作为评价鳃部是否病变的重要指标，如发现鳃丝有血窦（图 1-80）、气泡（图 1-81）时需要及时对症处理。

图 1-62　斜管虫可导致鳃丝黏液异常分泌（出现鱼苗扎堆现象）

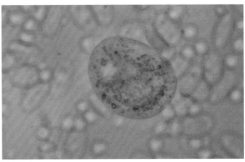

图 1-63　斜管虫显微图片

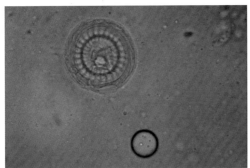

图 1-64　车轮虫显微图片

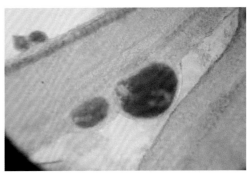

图 1-65　小瓜虫有马蹄形的亮核（寄生部位形成白点）

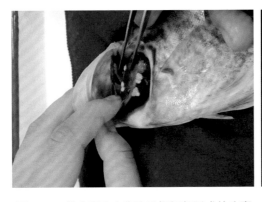

图 1-66　微山尾孢虫寄生于鳜鳃部形成的孢囊

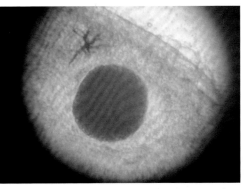

图 1-67　孢囊的显微图片（孢囊需被压破，才能看到里面的孢子虫）

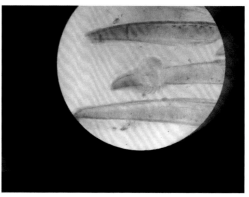

图 1-68　斑点叉尾鮰鳃部由尾孢虫形成的孢囊　　图 1-69　瓶囊碘泡虫在鲫鳃部形成的孢囊

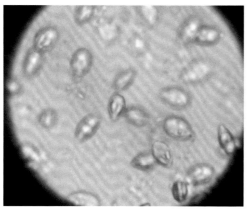

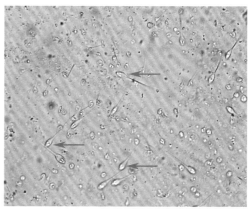

图 1-70　洪湖碘泡虫显微图　　　　　　图 1-71　尾孢虫显微图

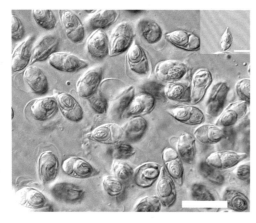

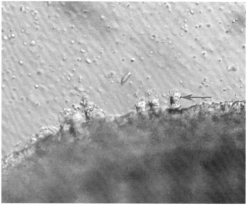

图 1-72　汪氏单极虫显微图（刘新华摄）　　图 1-73　鳃丝上的纤毛虫（杯体虫）

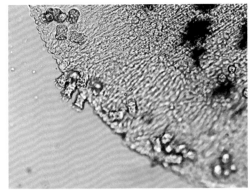

图 1-74 寄生于鳞片的杯体虫

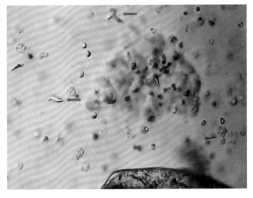

图 1-75 鳃隐鞭虫显微图片

图 1-76 中华蚤显微图

图 1-77 钩介幼虫显微图

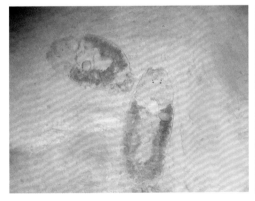

图 1-78 指环虫显微图

（头部 4 叶，有 4 个眼点）

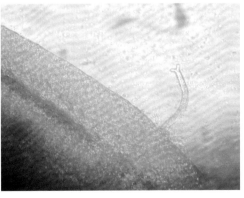

图 1-79 三代虫显微图

（头部两叶，没有眼点）

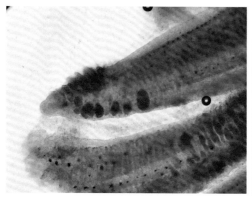

图 1-80　鳃丝上的血窦（提示为烂鳃初期）　　　　图 1-81　鳃丝血管内的气泡

鳃丝镜检时，常见的如黑色素细胞（图1-82）、有机质（图1-83）等易被认错。

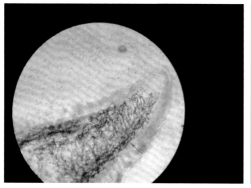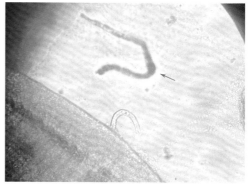

图 1-82　鳃丝内的黑色素细胞　　　　　　　图 1-83　粘附在鳃丝的有机质

最后结合鱼的游动形态，对鳃部的问题进行确诊（图1-84）。

图 1-84　烂鳃等可导致生理性缺氧（即使池塘中溶氧充足，鱼也会呈现缺氧状态）

二、鱼体体内的检查流程

（一）对内脏进行检查

内脏的状况是判断疾病的重要依据，也是鱼体检查中的重要内容，首先应掌握鱼体解剖的流程。

1.鱼体解剖的操作流程

先在肛门前0.5cm处纵向剪一小口，从小口处插入剪刀，沿着腹部中线往前剪至胸鳍基部，再从肛门前小口处沿腹腔边缘剪至鳃盖后缘，掀掉大侧肌，露出完整的内脏团（图1-85、图1-86），剪切顺序按照图1-85中1—2，1—3，3—4，4—2完成。

在解剖的同时对肌肉进行观察，看是否有溃疡（图1-87、图1-88）、出血（图1-89）、结节及穿孔等（图1-90～图1-92）。

图 1-85 掀掉大侧肌的鲫，露出完整的内脏团

图 1-86 异育银鲫内脏分布图

图 1-87 斑点叉尾鮰肌肉溃疡灶

图 1-88 患越冬综合征的框鲤肌肉深度溃疡

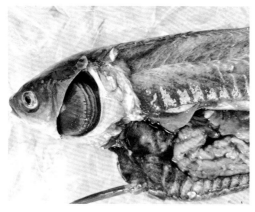

图 1-89　草鱼出血病红肌肉型，肌肉出血　　图 1-90　患诺卡氏菌病的加州鲈肌肉结节

（周二宝提供）

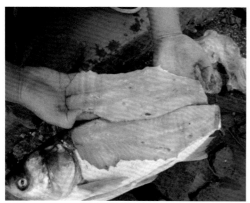

图 1-91　复殖吸虫寄生于白鲢肌肉中形成的穿孔　　图 1-92　孢子虫在鲫背部肌肉形成的孢囊

2.对腹腔进行检查

打开腹腔，露出内脏团后，主要观察如下内容。

① 腹腔内是否有腹水及腹水颜色（鲤鱼痘疮病、斑点叉尾鮰病毒病、竖鳞病、大红鳃等疾病发生后鱼腹腔内有腹水，但是不同病原引起的腹水颜色不同，图1-93、图1-94）；

② 内脏团表面是否出血（图1-95）；

③ 是否有面条样的绦虫（舌形绦虫个体较大，可撑破肠道，进入腹腔，图1-96）；

④ 是否有鸽蛋状的孢囊（图1-97）；

⑤ 腹腔脂肪是否出血及出血形态（图1-98、图1-99）。

图 1-93 患斑点叉尾鮰病毒病的
鱼腹腔内有大量腹水

图 1-94 患大红鳃的濒死鱼腹腔内
的黄色半透明腹水

图 1-95 患细菌性出血病的草鱼腹腔膜出血

图 1-96 舌型绦虫进入黄金鲫的腹腔中

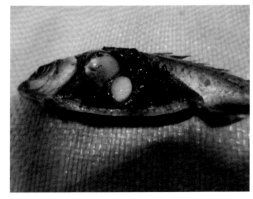

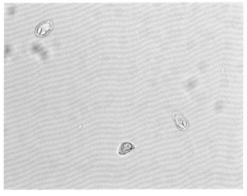

图 1-97 普洛宁碘泡虫在鲫腹腔形成的鸽蛋形状孢囊及其显微图片

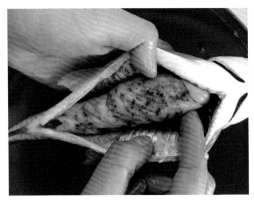

图 1-98 患草鱼出血病的草鱼脂肪点状出血　　　图 1-99 患细菌性出血病的斑点
叉尾鮰脂肪弥散型出血

3.对内脏器官进行检查

① 腹腔膜——是否出血及出血形态（图 1-100）；

② 肠系膜脂肪——数量、颜色及是否出血（图 1-101）；

③ 肝胰脏 —— 颜色、形状、大小、是否出血、是否有结节（图 1-102～图 1-108）；

④ 胆囊——大小、颜色、充盈度（胆囊的大小根据摄食与否动态变化，不作为判断肝胰脏状态的主要依据，图 1-109）；

⑤ 脾脏——颜色，大小，是否有结节（图 1-110、图 1-111）；

⑥ 肾脏——颜色、大小、是否有结节（图 1-112）；

⑦ 鱼鳔——是否完整，是否有积水，是否有寄生虫及出血形态等（图 1-113～图 1-115）。

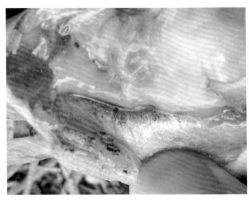

图 1-100 患细菌性出血病的草鱼腹腔膜出血　　图 1-101 摄食油脂氧化饲料的黄颡鱼脂肪发黄

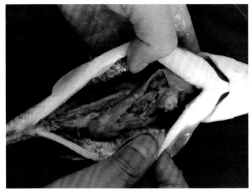

图 1-102　示草鱼绿肝

图 1-103　肝脏纤维化为肝脏的中度病变

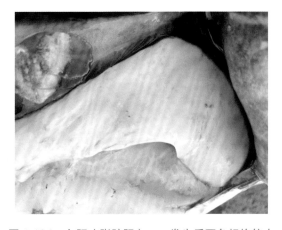

图 1-104　白肝（脂肪肝）——发生后死鱼规格偏大

图 1-105　由孢子虫在肝胰脏形成的孢囊

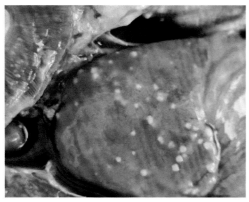

图 1-106　诺卡氏菌导致的加州鲈肝胰脏结节　　图 1-107　舒伯特气单胞菌导致的肝胰脏结节

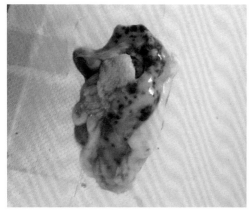

图 1-108　虹彩病毒导致鳜肝胰脏点状出血

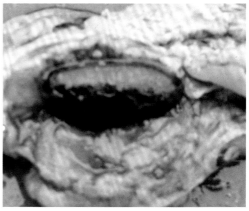

图 1-109　胆囊充盈——胆囊里的胆汁在鱼
摄食后会排空进入肠道，因此胆囊
大小会随摄食情况而变化

图 1-110　诺卡氏菌导致加州鲈脾脏结节

图 1-111　患痘疮病的鲤脾脏肿大

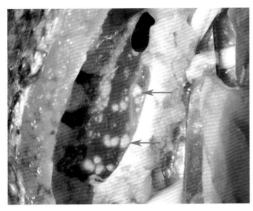

图 1-112　诺卡氏菌导致海鲈肾脏结节

图 1-113　鳔内寄生虫

图 1-114　细菌、病毒并发感染的鲫（示鳔上弥散型及点状出血同时存在）

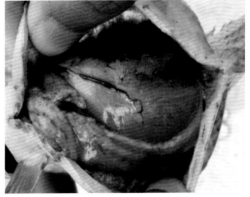

图 1-115　患鳔积水症的黄金鲫外观及鳔内积水的形态

（二）对消化道进行检查

消化道是鱼体检查中较易忽视的重要部位。检查时先对胃、前肠解剖后目检，然后对后肠粪便及内容物压片镜检。

观察要点：

① 消化道外观是否有出血（图 1-116、图 1-117），是否有肠道套叠（图 1-118）；

② 肠道外观是否正常，肠道内是否有球状孢囊（图 1-119、图 1-120）；

③ 胃、肠道解剖后观察胃壁、肠壁是否有溃疡、出血（图 1-121～图 1-124）；

④ 前肠是否有绦虫（图 1-125）、棘头虫（图 1-126）等寄生虫；

⑤ 对后肠内容物镜检，看是否有变形虫、肠袋虫（图 1-127～图 1-129）等。

图 1-116　患肠炎病的斑点叉尾鲴胃、
　　　　　肠道出血发红

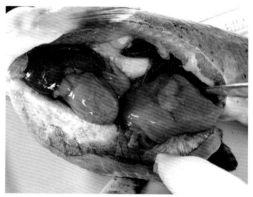

图 1-117　患肠型败血症的斑点叉尾鲴胃
　　　　　出血、肝胰脏出血、腹腔脂肪出血

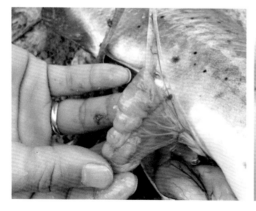

图 1-118　不正确投喂导致的肠道套叠

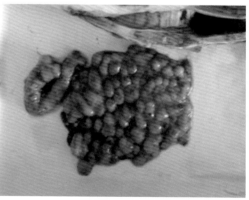

图 1-119　吉陶单极虫在鲤肠道内形成的孢囊

图 1-120　吉陶单极虫显微图片

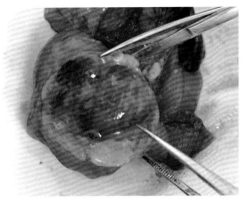

图 1-121　患肠型出血病的鲴胃壁严重出血

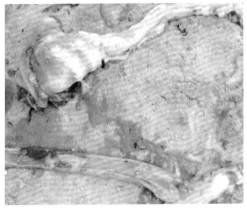

图 1-122　患细菌性肠炎的病鱼肠道解剖图，
肠内充满脓液，弹性差

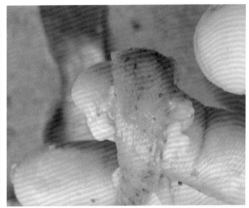

图 1-123　感染虹彩病毒的加州鲈的肠道
解剖图（肠道无内容物，点状出血）

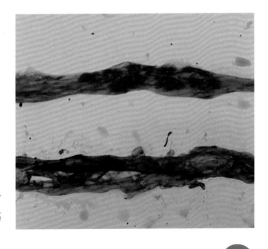

图 1-124
冬季对斑点叉尾鲴常规体检时发现的肠道溃疡

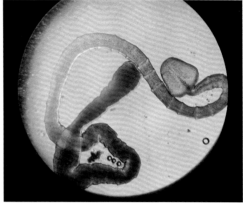

图 1-125　九江头槽绦虫草鱼肠道寄生图及其显微图片

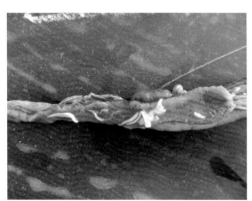

图 1-126　打开黄鳝、黄颡鱼前肠可能发现棘头虫及其头部显微图片

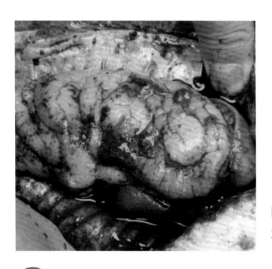

图 1-127

草鱼等后肠粪便是寄生虫的高发区，应镜检

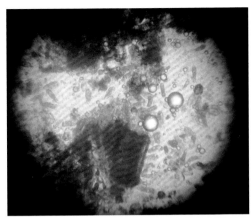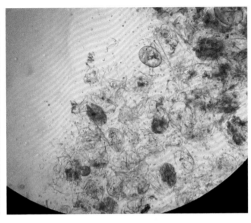

图 1-128　对草鱼后肠粪便镜检
（示大量肠袋虫）

图 1-129　鲫鱼水花肠道镜检图（通过对粪便的
镜检可以大致判断食物的丰度）

（三）对血液进行检查

最后可以将血液制作血涂片进行镜检，看是否有锥体虫等（图 1-130）。

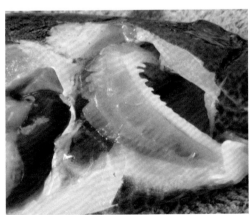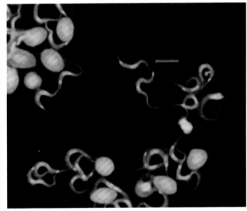

图 1-130　感染锥体虫的石斑鱼及锥体虫显微图（徐力文供图）

以上鱼体检查的步骤及顺序，仅供常规体检及快速诊断时参考，所有疾病的确诊需通过实验室手段来完成。

通过建立标准化的鱼体检查流程，可以更好地了解鱼体健康情况，提前干预小问题，避免更大问题的出现。

三、鱼体检查的注意事项

（一）在现场完成鱼体检查

鱼病的诊察应由渔医（技术人员）在养殖现场（塘口）完成，濒死鱼在送检时某些症状会发生变化（如大红鳃病，图1-131），易对诊断结果造成影响，形成误诊。另外不同的人对于同一症状的描述不尽相同，单纯通过养殖户的单方描述，没有进行实地查看时，很可能因为对养殖户的描述理解不准确而误诊。

图 1-131　患大红鳃病的濒死鱼拿出水面后不久鳃丝颜色即发生变化，易引起误诊

（二）对濒死鱼进行检查

对症状典型的濒死鱼进行检查是一线鱼病诊断的最直接的方法。有些池塘鱼发病后，养殖户捞取健康鱼或死亡很久的鱼送检，而通过健康鱼或者腐烂的鱼无法准确获取典型症状，也就无法完成确诊工作。为了准确地找到病因，应在清晨到池塘下风处或进排水口处巡塘并捞取濒死鱼（图1-132）检查。

图 1-132　濒死鱼是重点检查对象

（三）对特定区域的鱼进行检查

开展常规检查时，池塘中并无濒死鱼，需要通过撒网等方式捕获池鱼进行体检。此时应先在池塘下风处撒网，若这个位置能捕获目标鱼种，应重点对这些鱼做体检。若池塘下风处没有捕获目标鱼种，则应到投饵台下风处撒网，完成鱼体检工作。

（四）对养殖情况进行询问

对濒死鱼进行详细的检查可以大致判断疾病的种类；通过查看养殖记录和用药记录、聊天、询问等方式可以了解疾病的发生、发展过程，两者结合可以更好地了解池塘鱼的发病过程及诱因，处理的方法及结果等，为后期的处方调整做准备（图1-133）。

图 1-133　在塘口实地查看、了解养殖细节对鱼病的确诊有帮助

（五）还需了解的细节

1.水质状况（关系到外用药物的选择）

水质不良，如有机质含量较高时，外用消毒剂如苯扎溴铵、碘制剂等的剂量应适当加大，有机质对其药效影响较大；水质清瘦、透明度较高时，苯扎溴铵等表面活性剂应慎用，其对藻类影响较大，可导致藻类死亡，造成严重的缺氧等问题。

水质不好，溶氧不高时还应降低投饵量，鱼类饱食后耗氧量加大，缺氧概率提高。

2.吃食情况

吃食情况可从侧面反映疾病的病程变化。一般情况下，寄生虫、细菌、真菌等感染后，鱼类的摄食量会下降；某些病毒性疾病如鲫鱼鳃出血病发生后，摄食量会上升，摄食量的变化可作为判断病原种类的依据之一。

摄食量还决定着内服药物的添加量，单位重量饲料中内服药物的添加量应随摄食量的变化而动态变化。一般情况下，如果鱼类摄食变少，单位重量饲料中添加的药物的剂量应适当提高，为了达到较好的治疗效果，可按照鱼体体重来计算内服药物的添加剂量。

春后"越冬综合征"治疗效果不佳跟投饵率过低，鱼类摄入不到足够的药量有很大关系。

3.濒死鱼数量的变化（判断治疗效果）

某些疾病如大红鳃病，在用药后的两三天内，死鱼数量会快速上升，对技术人员及养殖户造成巨大的压力，对治疗方案产生怀疑，此时可根据濒死鱼数量的变化来判断治疗是否有效。若在用药的3～4天后，死鱼数量大量上升但濒死鱼数量大幅下降，则说明治疗方案是对症的也是有效的，应坚持用药。

濒死鱼的数量变化可作为治疗方案是否正确的重要判断依据。

4.死鱼数量的变化（判断病程）

死鱼数量的变化一般会经历上升—平稳—下降的过程，可以通过对比每日死鱼数量来判断疾病发展的病程。（发病后每日记录死鱼数量很有必要）

5.死鱼的种类（判断病原）

根据池塘中死鱼种类可对致病的病原作出大致判断（图1-134、图1-135）。如果池塘中所有种类的鱼同时死亡，应主要怀疑由细菌感染或缺氧引起；若混养池塘中只有某一种鱼出现死亡，则应对照该种鱼常见病毒性疾病的典型症状做筛查，以确定是否由病毒感染引起。

图1-134 细菌感染可同时导致多种鱼死亡

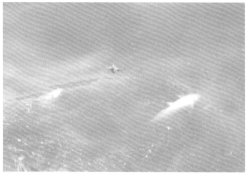

图1-135 斑点叉尾鮰病毒病只导致
斑点叉尾鮰死亡

细菌性疾病的处理方案与病毒性疾病的处理方案差异较大，对疾病种类进行确定是治疗的前提条件。

6.用药情况及效果

查看用药记录，了解发病后使用药物的种类、使用方法、使用剂量，结合死鱼的数量变化及濒死鱼的数量变化，可以判断用药方案是否对症及是否起效，无效时及时调整，以精准处理疾病。

7.常用药物的记录（用药习惯及记录）

在准确判断疾病以后，开具处方前，还需对该池塘的用药习惯做了解（图1-136）。如养殖户有用抗生素预防疾病的习惯，则经常使用的抗生素在治疗时应增加剂量或者更换药剂品种，否则可能因为病原耐药导致治疗效果不佳。

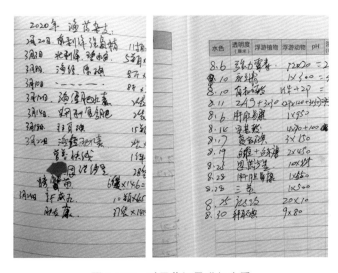

图 1-136　对用药记录进行查看

（六）通过鱼体检查需确定的内容

1.引起死鱼的病原及病因

通过前面的介绍，我们在鱼体检查后可对病原的种类作出判断，并根据判断的结果开具处方。

2.是否存在混合感染，哪一个病原或病因引起的损失最大

鱼病发展到中后期，往往都是混合感染，如锚头蚤叮咬造成的伤口会继发细菌

感染；鲫鱼鳃出血病暴发后停止投饵导致体质变弱后继发细菌感染等。在处理疾病时，还需结合检查结果对是否存在混合感染作出判断，并按照危害程度对引起死鱼的相关因素作先后处理。

3.评判肝胰脏的状态，为药物选择做准备

某些药物对肝胰脏伤害较大，在肝胰脏病变时使用这些药物可能起到反作用。因此开具处方时还需结合肝胰脏的实际情况，综合疾病的发展情况、水质检查结果等，方能达到精准治疗的目的。

第二章

水产技术服务的标准化

一、远程诊断的标准化

养殖集中区有较为完善的配套，鱼病发生以后问诊、购药等都较为容易，但在养殖零散地区，缺乏专业的渔医问诊，养殖户难以寻求到合适的处理方案，鱼病造成的损失就会较大，此时就需要通过远程诊断的方式防控鱼病。

另外一些企业开展网络销售或者直销，也需要精确地获得发病池塘的信息，才能更好地提供服务。但是由于养殖户与技术人员对于同一症状的描述、认知不同，远程诊断时存在养殖户提供的信息不准确等问题，也就无法准确诊断鱼病，因此远程诊断也需形成相对的标准化。

远程诊断时，需要养殖者提供如下信息。

（一）养殖的基本情况

包括：池塘面积、养殖模式、投放品种及规格、养殖密度、池塘水深、水温、水质检测结果、现有的养殖设施、使用饲料的品牌及档次、投饵率等。

（二）病情描述

对病情进行准确地描述是精确诊断的基本条件之一（图2-1、图2-2）。病情描述需要以下内容。

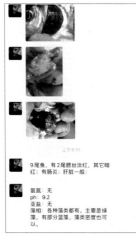

图 2-1　病情描述需细致　　　　图 2-2　水生动物远程诊断网页面截图

1.发病前后的异常情况

（1）是否进排水　进水尤其是大量进水会导致池底沉积物上翻，有机质、病原释放，同时进水时鱼异常兴奋，沿池边狂游，导致受伤概率提高，满足了病原及入侵途径同时存在的发病条件。

（2）是否下雨或刮大风　下雨或刮大风会导致和进水同样的问题。

（3）是否大量增加投料　短期内大量增加投喂会加剧消化道负担，极易引起消化道问题，如斑点叉尾鮰套肠病大多由低温期过量投喂诱发。

（4）是否产卵　草鲫混养池塘，在鲫鱼大量产卵后，草鱼会摄食鱼卵，对饲料的摄食降低，可能会误诊为疾病。

（5）是否捕捞　轮捕轮放过程中会导致部分鱼受伤，易引起继发疾病。

（6）是否更换饲料品种　突然更换不同厂家的饲料或者同厂家不同型号的饲料甚至同型号不同粒径的饲料都可能导致鱼类摄食下降甚至拒食。

2.死鱼的数量变化

主要用于判断疾病的病程及前期处理的效果。

一般疾病发生以后池塘中病鱼数量会经历上升、平稳、下降的过程，但是不同病原引起的疾病的发展情况又有所区别：由病毒感染引起的疾病，如果不作处理，一般死鱼较为平稳，死鱼大量暴发主要发生在泼洒刺激性消毒剂、大量投喂、进排水及严重缺氧以后；细菌感染引起的疾病在温度合适时，不作处理死鱼会快速上升。

3.濒死鱼的变化情况

主要用于判断前期处理方法是否对症。大红鳃等疾病在治疗后的3～4天死鱼数量会快速上升，单纯通过死鱼数量无法判断处理是否有效，此时可通过濒死鱼数量的变化来判断，若濒死鱼数量下降，即使死鱼数量上升，也认为处理方法是对症有效的。

4.摄食量的变化情况

摄食量的变化可作为病原判断的参考依据。一般情况下，细菌感染、寄生虫感染等会导致鱼摄食量下降，而病毒感染初期摄食量可能会提高或没有变化。摄食量的变化可作为病原判断及开具处方时内服药物剂量的参考。

5.水质的变化情况

水质的突变也可能会引发疾病，因此还需对发病前后水质的变化做介绍。主要是水色的变化、溶氧量的变化，水质及底质的处理情况等。

6.用药情况

将所用药物的标签拍照展示，并告知具体的用法用量（图2-3）。

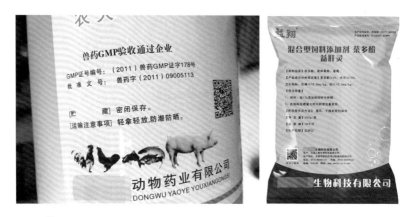

图2-3　药物展示时应将标签拍清晰，包括成分、生产厂家等信息，便于判断质量

7.治疗结果

治疗以后的效果予以告知。

（三）现场图片

现场图片是对濒死鱼诊断最直接的工具，是整个远程诊断中的关键因素，图片应多方位展示鱼的器官及细节。现实中经常会有图片不清晰、展示的角度和组织不对等问题（图2-4）。

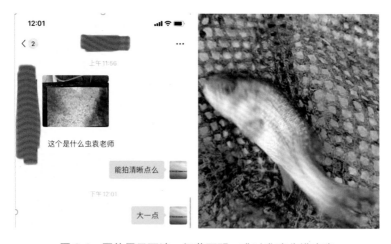

图2-4　图片展示不清，细节不明，难以准确分辨疾病

应按顺序展示如下部位的照片：濒死鱼全身图（图2-5），鳃丝细节及镜检图（图2-6）、口腔（图2-7）、眼球（图2-8、图2-9）、鳃盖（图2-10）、体表（图2-11～图2-13）、鳍条（图2-14、图2-15）、肛门（图2-16）、腹腔解剖图（图2-17）、内脏团（图2-18～图2-23）、消化道外观及解剖图（图2-24～图2-26），以及脂肪和鱼鳔细节（图2-27、图2-28），并重点对病灶进行展示。

图2-5　濒死鱼全身图

图2-6　鳃丝细节及镜检显微图片

图2-7　濒死鱼口腔细节——主要展示口腔是否有溃疡、是否出血、是否有孢囊

图 2-8　拍摄眼球时应清晰，展示如水晶体是否脱落、有没有出血点、有没有白点等

图 2-9　眼球凹陷或突出，分别代表不同的原因

图 2-10　鳃盖细节图，主要展示鳃盖是否腐蚀、有没有出血等

图 2-11 体表主要展示鳞片状况、黏液状况、是否有溃疡等

图 2-12 竖鳞病的不同发生阶段，需将鳞片的细节展示清楚

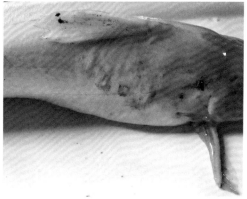

图 2-13 无鳞鱼体表的溃疡形态可大致提示病原

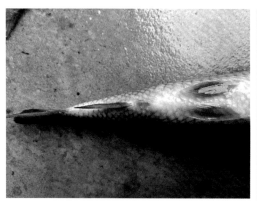

图 2-14　鳍条的颜色、出血形态等需展示清晰

图 2-15　尾鳍中的异常如虫体应清晰展示　　　图 2-16　肛门颜色、形态等需展示清晰

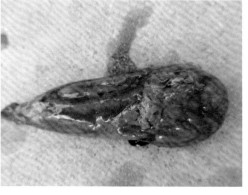

图 2-17　腹腔打开时的形态　　　　　　　图 2-18　取出的内脏团的外观

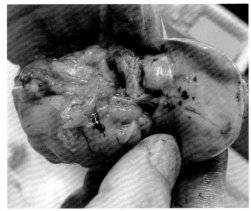

图 2-19　肝胰脏细节

图 2-20　肾脏细节

图 2-21　脾脏细节

图 2-22　胆囊细节

图 2-23　心脏细节

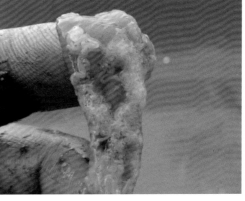

图 2-24　前肠解剖

图 2-25　肠道解剖

图 2-26　胃解剖后细节

图 2-27　脂肪细节

图 2-28　鱼鳔细节

（四）养殖记录

对放养记录、用药记录、投喂记录等进行展示（图2-29），重点是用药记录，其对疾病病程的判断、后续的处方开具都有重要意义。

图 2-29　用药记录是非常重要的信息

（五）水质情况描述

将水质检测的情况进行告知，主要是：pH值及其上午、下午的变化，溶解氧、氨氮、亚硝酸盐等的数值。另外需在早晨观察池边浮游动物是否过多，下午投饵区观察是否有大量气泡上翻，并将观察情况一并告知。

二、现场服务的标准化

随着某公司"通享模式"等的推广，大型饲料企业对中小型饲料企业持续进行配方、原料等的输出，未来饲料配方逐渐趋同，饲料质量逐渐趋同，饲料企业间的核心竞争力将从饲料质量、价格转向服务能力，而在饲料企业竞争的同时饲料的毛利率会持续下降并趋于微利，因而饲料企业又会持续加大动保产品的开发、销售力度，对现有的动保企业形成冲击。因此未来几年投入品企业构建系统化的服务体系，将塘口的服务流程固化，切实提升帮助养殖者发现、解决问题的能力，增加跟养殖户的黏性，就显得非常重要。

作为饲料企业或者动保企业的技术人员，来到池塘后应该如何开展服务，从哪些方面着手展开工作，服务中又需要重点注意那些环节，以下内容可作为参考。

（一）开展服务的时间

池塘中的问题一般会在上午呈现出来，尤其是日出前后。有服务需求时技术人员应在清晨去到现场（图2-30～图2-32），尤其是发病的池塘，最好能在上午9点前完成鱼体的检查、水质的检测等相关工作。下午的时间可主要用作跟养殖户交流、沟通（图2-33）。

图 2-30　早晨濒死鱼会较多

图 2-31　巡塘时重点捞取濒死鱼

图 2-32　巡塘、服务等工作应主要在上午进行　　图 2-33　下午主要用作沟通交流

（二）开展服务的地点

技术人员到达塘口以后，首先要做的应该是巡塘工作（图2-34），巡塘的重点区域是投饵区、进排水口处及池塘下风处（图2-35），通过察看投饵区可以了解鱼

图 2-34　服务应在养殖现场进行

图 2-35　进排水口处、下风处是巡塘的重点区域

的摄食情况，通过察看进排水口处及池塘下风处可以了解池塘鱼的疾病发生情况，也可以对池塘的濒死鱼进行打捞、检查，以确定病因。

（三）服务的内容

1. 鱼体检查

对服务对象的鱼进行详细的鱼体检查，供检查的鱼可通过撒网获得（图2-36）。撒网的首选位置为池塘的下风处，撒网时间应是上午，以8点前为好，若下风处撒网两次以上都没有打到主养鱼（白鲢除外），则可以在投饵区撒网，位置在投饵区的下风处，对打到的鱼做体检。

体检的过程应严格按照标准化的鱼体检查流程进行，分别对体表、鳃丝、内脏等作详细的检查（图2-37）。

图 2-36　对投饵区及下风处的鱼做体检是重要工作内容

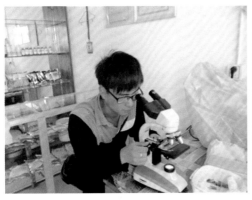

图 2-37　体表检查、显微镜镜检都是必要的工作

2.水质检测

养殖正常时，水质检测一次就好，可取池塘表面以下50cm处的水做常规检测，检测的指标有：pH值、溶解氧、氨氮、亚硝酸盐，条件允许时还可以对硫化氢等作检测。水质检测应在养殖现场进行（图2-38）。

图 2-38　水质检测应在养殖现场进行

水质不良、溶氧不足，鱼摄食不佳时，可分上、下午对水质做检测。通过对比上午和下午pH值、溶解氧、亚硝酸盐、氨氮等的数值变化，对溶氧不足的原因作出判断。

3.底质评判

对底质状况进行判断主要在下午进行，可在下午2～4点沿池边巡塘，观察的重点区域是投饵区及淤泥较厚的地方，主要观察这些区域是否有大量的气泡上翻（图2-39）。除了通过肉眼观察，还可以将竹竿插入池底，通过观察上翻气泡的形态、闻释放气体的味道进行判断，若上翻的气泡浑浊且带有臭鸡蛋味，也说明池底的状况恶化，需要及时处理。

图 2-39　底质检测的重点区域是投饵区及淤泥较厚的地方

4.摄食情况分析

观察鱼摄食情况，看是否正常（图2-40、图2-41），有没有摄食减少、炸台、不摄食或者水下摄食的情况，根据观察的结果分析原因，给出建议。

图 2-40 摄食正常时的图片　　　　　　　图 2-41 摄食不佳时的图片

① 上午摄食不佳，下午摄食较好：应主要考虑上午缺氧。重点对有机质状况（图2-42）及浮游动物数量（图2-43）进行分析，部分有害藻类如甲藻（图2-44）

图 2-42 有机质过多的水色及池塘中的泡沫

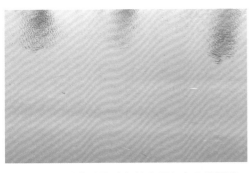

图 2-43 浮游动物过多的水局部白色团雾状　　　图 2-44 裸甲藻为优势的水体溶氧变化极大

等也会导致这样的情况（甲藻等白天产氧能力很强，夜间耗氧严重，会导致池塘中溶氧的剧烈变化）。

②上午、下午摄食都不好：主要考虑饵料适口性差、鳃部中华鳋寄生（图2-45）、口腔溃疡或有寄生虫（图2-46）、肠道绦虫寄生（图2-47）、水体中藻类丰度少、浮游动物（图2-48）及软体动物（图2-49）等数量多、池底重度恶化、氨氮或者亚硝酸盐超标等。

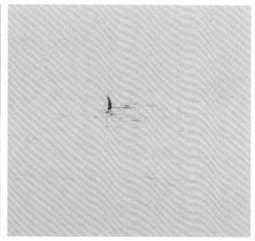

图2-45　中华鳋寄生后可导致鱼尾鳍上翘，不摄食

图2-46　锚头鳋寄生在口腔　　　　图2-47　绦虫大量感染可导致

可导致鱼类不摄食　　　　　　　　草鱼闭口不摄食

③上午摄食好，下午摄食不好或在水下摄食：应考虑下午水体pH值过高或者表层水温过高。可对水体pH值进行检测，对表层水温进行测量。

图 2-48　浮游动物大量生长后耗氧严重　　图 2-49　螺蛳大量生长导致水体偏瘦、大量耗氧

另外，高温季节的晴天中午投饵前半小时应打开增氧机，搅动水体，降低表层水温（图 2-50）。

图 2-50　高温季节的晴天中午投饵前半小时应打开增氧机，搅动水体，降低表层水温

④ 炸台：主要考虑寄生虫感染（图 2-51）或有掠食性鱼类存在。

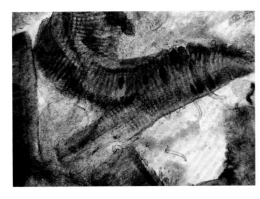 

图 2-51　体表及鳃部被寄生虫大量感染后可导致摄食不佳，炸台

5.饲料适口性分析

根据鱼体打样检查的结果，评判饲料适口性。如营养配比是否合适、粒径是否合适、是否霉变（图2-52）等并根据检查结果给出调整建议。

图2-52 投喂变质或低质饲料后鱼体表广泛出血

（四）通过服务应该了解的信息

通过标准化的服务，我们应该掌握鱼体的状况、水质的状况、底质的情况、饲料的适口性、养殖动物的生长情况等并针对具体的情况给出建议，从而提升服务的价值。

三、水质检测的标准化

水是水生动物生活的载体，也是保持水生动物健康的重要媒介，在对水质检测的过程中，应首先了解水给水生动物提供什么，其中的重要因子如溶解氧的来源及消耗过程，才可以制定出水质检测的具体措施及调控方案。

（一）水里面有什么

（1）藻类 通过光合作用产生溶解氧，白天产氧夜间耗氧，提供少量天然饵料（图2-53）。

（2）浮游动物 通过摄食藻类从而控制藻类丰度，提供少量天然饵料，耗氧（图2-54）。

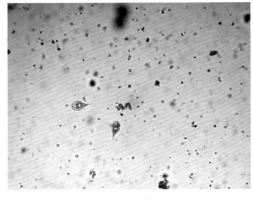

图 2-53 水体中的藻类及有机质

图 2-54 水体中的浮游动物

（3）有机质 由肥料、死亡的动植物尸体、残饵粪便等组成，被细菌分解后转化成营养物质在池塘中随水体流动，分解过程中耗氧（图2-55）。

（4）软体动物 滤食有机质，与藻类争夺营养，耗氧（图2-56）。

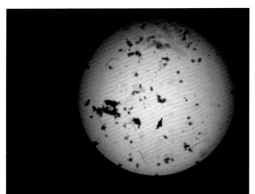

图 2-55 水体中的有机质

图 2-56 池中的螺蛳会耗氧，也是寄生虫的中间寄主

（5）养殖动物 耗氧，产生的残饵、粪便在条件合适时可转化为藻类的营养（图2-57）。

（6）底栖生物 寄生虫的中间寄主，耗氧。

（7）各种病原 主要在池底，池底上翻时大量释放造成发病，大多数喜欢厌氧环境。

（8）微量元素 虾蟹养殖时需重点关注。

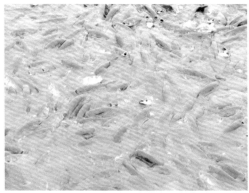

图 2-57　水中的养殖动物

（二）优良水质的作用

（1）提供溶氧　水体中的藻类通过光合作用，产生了池塘中约70%的溶解氧，是池塘中溶解氧的主要来源。

（2）提供饵料　水体中藻类及浮游动物如轮虫、枝角类、桡足类等是滤食性鱼类优良的天然饵料，可以提高滤食性鱼类的产量及品质。

（3）促进水体中营养物质的转化　优良水体中的藻类、浮游动物、软体动物、底栖生物、营养物质等处于良好的动态平衡中，可以源源不断地进行营养物质转化，供给养殖需求。

（4）减少疾病的发生　优良水质条件下的池塘，可以缓解池底的酸化，减少池底耗氧物质的含量，降低有害细菌的数量，同时优良的水质给鱼提供了舒适的环境，保证其体质的稳定健康。

（三）水质恶化的危害

① 施肥不当，藻类、浮游动物等过量生长都可以导致水质恶化，严重时可能导致泛池、氨氮中毒、亚硝酸盐中毒、有害藻类暴发等情况，对鱼类造成危害。

② 藻类过量生长会形成水华（图2-58），造成水体的分层（光照、溶氧、水温的分层），部分藻类死亡（图2-59）以后释放出的藻毒素可直接导致鱼类死亡。

③ 浮游动物摄食藻类，其过量生长可造成藻类丰度下降，水质清瘦（图2-60），光合作用不足，溶氧低下。

④ 螺蛳（图2-61）等软体动物过多可跟藻类争夺营养，造成水质清瘦，同时大量消耗氧气，导致溶氧低下。

图 2-58 甲藻大量生长形成的水华

图 2-59 藻类死亡后的水色

图 2-60 浮游动物过量生长形成的云雾状水色

图 2-61 螺类大量生长后水质清瘦

⑤ 底栖动物过多可导致池底缺氧，同时底栖动物也是多种寄生虫的中间寄主，可能导致寄生虫病的高发。

（四）水质检测的内容

（1）pH值　通过上、下午pH值的变化可以判断水体中藻类的丰度，pH值的变化特点为白天越来越高，阳光照射强度下降后逐渐降低。对于pH值偏高，可采用以下方法调节：① 当pH值超过9时，全池泼洒醋酸等酸类，可在短时间内降低pH值，但要注意不可一次泼洒过多，以免引起应激反应。② 对于多次调节后pH值仍偏高的池塘，可采用有机肥和乳酸菌配合泼洒的方法进行调节。乳酸菌的代谢产物为酸，可以降低池塘pH值，但其为异养型细菌，需要分解有机质为自己的生长、繁殖提供营养，因此需配合有机肥一起使用。③ 对于因藻类生长旺盛导致pH值过高的池塘，还应适当补充碳元素，避免藻类缺碳后集体死亡。

（2）氨氮　超标后可导致以下情况：① 鱼类游泳不规则；② 起网时鱼体颤抖；③ 小鱼先死；④ 死后嘴闭（图2-62、图2-63）。

 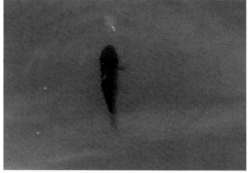

图 2-62　氨氮中毒后的白鲢　　　　　　图 2-63　氨氮中毒后的鲫

氨氮过高后的处理方法：① 降低水温；② 大面积换水；③ 泼洒腐殖酸钠、沸石粉等具有吸附作用的投入品；④ 泼洒增氧剂；⑤ 泼洒有机酸（氨氮的毒性跟pH值呈正比，pH值越高，氨氮毒性越高，因此氨氮超标以后可通过降低pH值的方法降低其毒性）。

中毒症状缓解后的后续处理：① 使用氧化剂改底，改善残饵、粪便导致的池底酸化情况；② 使用硝化细菌类将有毒的氨氮转化为无毒物质；③ 勤开增氧机，调节水质，保持水体溶氧充足。

（3）亚硝酸盐　① 标准：养殖中水体亚硝酸盐不要超过0.15mg/L。② 其由氨在亚硝化细菌作用下产生。③ 中毒后导致鱼类"棕血病或褐血病"。④ 引起中毒的原理：血红蛋白转变为高铁血红蛋白从而失去运氧能力。⑤ 中毒后血液和鳃呈棕褐色。⑥ 鱼失去活力、死亡率高。

亚硝酸盐过高后的处理：① 降低投料量，减少残饵、粪便的产生；② 保持增氧机常开，促进水体对流从而提高池底溶氧；③ 加注新水，换水量不低于池中水量的三分之一；④ 泼洒生石灰，使池水pH值大于7.0（亚硝酸盐的毒性跟pH值呈反比，pH值越高，亚硝酸盐毒性越低，因此亚硝酸盐超标时，应提高水体pH值）；⑤ 施用沸石粉（50kg/亩❶）或者腐殖酸钠等具有吸附作用的投入品。

（4）硫化氢　① 瞬间产生，检测困难；② 毒性较大，可引起中毒。

（5）磷酸盐　部分地区水体磷酸盐含量很低，如四川等，需重点补充磷肥。

---

❶ 1 亩约为 $667m^2$。

（五）现场服务时还需关注的其他内容

（1）浮游动物数量　可在早晨4～6点，用白色容器舀池边的水，观察里面是否有大量活泼运动的虫体（图2-64）来确定；也可以观察水色，如果发现水色清瘦，且局部呈云雾状（图2-65），也应重点怀疑浮游动物过量生长。

图 2-64　水体中的浮游动物

图 2-65　浮游动物大量生长后的水色

（2）软体动物数量　主要观察下风处是否有漂浮的软体动物的壳如螺蛳壳、蚌壳，也可以在早晨5～7点观察池边是否有大量螺蛳进行确定。

（3）有机质含量　主要观察水色，如果水色发暗、透明度不高（低于25cm），肉眼观察水体中有大量悬浮颗粒，池塘下风处有大量泡沫（图2-66），则判断为有机质含量过高。

（4）池底状况　①下午在池边尤其是投饵区附近、淤泥较厚的地方观察，看是否有大量气泡上翻（注意与鱼形成的气泡作区别，图2-67）；②用竹竿插入池底，看是否有大量带有臭鸡蛋味道的气泡伴随大量黑色的底泥上翻。

图 2-66　池塘下风处的大量泡沫

图 2-67　投饵区大量的气泡上翻

（5）青苔生长情况 ① 水体透明度是否较大（图2-68，一般透明度超过40cm，阳光可以直射进入池底的池塘易发生青苔）；② 池边是否有绿色的青苔生长（图2-69）。

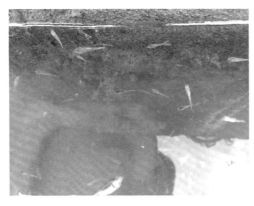

图 2-68　水体透明度较大的池塘　　　　　　图 2-69　青苔在池边生长

（6）透明度（与藻类丰度、有机质含量高度相关）　透明度过大，说明池塘藻类及有机质较少，需及时施肥，否则极易滋生青苔。透明度过小，说明池塘藻类及有机质过多，需及时换水或用微生态制剂进行调节。

（7）藻类情况　分上下午对水色进行观察，看水色是否有变化，如"朝红晚绿"等。结合鱼摄食情况，判断藻类丰度。养殖中后期注意观察水色是否发白，溶氧是否波动较大，如果出现这样的情况，可能是水体中缺乏C（碳）元素，导致藻类颜色发生变化。

（8）水温　看不同时段鱼摄食的区别（图2-70），以及摄食的水层、强度（主要是中午阳光最好的时候摄食的强度和水层）。

图 2-70　中午水温过高时鱼摄食不佳及正常摄食的池塘

（9）溶解氧的变化　白天：早晨开始溶氧逐渐升高，下午2点前后达到峰值。下午5点过后开始回落，至凌晨最低。

影响氧气溶解率相关因素：① 水温（温度越高，氧气溶解率越低，因此夏季水位较低、水温高时容易缺氧）；② 产氧能力。

溶解氧的来源：① 藻类光合作用；② 空气溶解；③ 增氧机带入；④ 增氧剂带入；⑤ 注水带入。

溶解氧的消耗：① 养殖动物的消耗；② 有机物分解的消耗；③ 贝类、甲壳类的消耗；④ 浮游动植物的消耗；⑤ 细菌生产生活的消耗。

（六）现场水质的测定

对于水质进行检测时最好能分两次进行，白天上午，应在池塘下风处取水检测，下午，应在池塘上风处取水检测，取水深度设置两个，分别是表面以下50cm和150cm，在现场对取好的水使用水质检测试剂盒或者仪器进行检测，结合上述观察情况对池塘中水质状况综合判断。

第三章

鱼病防控的标准化

一、细菌性疾病预防的标准化

细菌性疾病的发病特点：① 发病的温度范围较广；② 在一定温度范围内，温度越高，发病越快；③ 可感染同一池塘中的多种鱼类；④ 可感染同一种鱼的不同规格的个体；⑤ 治疗相对容易，主要跟摄食状态、抗生素的敏感性有关。如细菌性败血症（图3-1）。

图 3-1　由嗜水气单胞菌感染引起的异育银鲫细菌性败血症

细菌性疾病大部分为条件致病，致病条件为：① 病原（致病菌）存在；② 入侵的途径（体表、鳃丝、消化道伤口）存在；③ 鱼免疫力低下等。

（一）致病菌来源及传播途径

（1）水源　① 新塘进水、养殖过程中进水时均可带入细菌（图3-2）；② 不同池塘水流的交换也可导致交叉感染（图3-3）。

图 3-2　进水可带进病原　　　　图 3-3　不同池塘仅用渔网间隔，病原可以流通

（2）苗种 部分细菌性的病原如爱德华氏菌等可以由苗种携带传播（图3-4）。

（3）底泥 长期养殖池塘的底泥（图3-5）是重要的病原库，包含多种病原，条件合适时可被集中释放。

图3-4 爱德华氏菌可由苗种带入

图3-5 池底的淤泥是重要的病原库

（4）工具 不同池塘的工具如网具、捞海（图3-6）等交叉使用都可能成为细菌传播的工具。

（5）拉网捕捞 专业的捕捞队伍往往自备网具，频繁在不同的池塘使用，若使用前未对网具等消毒可能造成鱼体受伤及细菌的传播（图3-7）。

图3-6 每口池塘用于打捞病死鱼的
工具等应独立设置

图3-7 捕捞不当可导致鱼体受伤

（6）投饵机设置不合理 投饵机间的距离过近（图3-8），投饵机的架设靠岸边太近（图3-9），会导致摄食时鱼体跟池壁接触或大量挤压造成受伤。

（7）进排水 进排水会导致鱼类兴奋狂游，同时会导致底泥上翻，病原、有机质被集中释放，满足病原和伤口同时存在的发病条件，这也是很多池塘进水后细菌病暴发或者复发的主要原因。

图 3-8　投饵机间距离太近，投饵区鱼
密度过大，受伤概率提高

图 3-9　投饵机离岸太近导致鱼摄食时
接触池壁，受伤的概率提高

（8）暴雨　暴雨时大量雨水快速进入池塘，因雨水温度较低、密度较大，会快速下沉到池塘底部，导致水体对流、池底上翻，病原、有机质等大量释放，同时下雨时鱼异常兴奋，狂游，受伤概率提高，满足病原和伤口同时存在的发病条件。

（9）其他途径　如鸥鸟（图 3-10）等，摄食濒死鱼后的排泄物及转运濒死鱼时掉落等都可造成病原的传播。池边有较多杂草、树木（图 3-11）对养殖不利，既遮挡阳光、阻碍风力、影响溶氧，也是各种鸟类的栖息场所，大量排泄物进入池塘，成为疾病传染的重要源头。

图 3-10　鸥鸟是病原传播的重要途径

图 3-11　池边有大量树木对养殖不利

（二）致病菌的入侵途径

（1）体表的伤口　体表伤口的形成跟寄生虫的叮咬、鱼聚集时的挤压、捕捞运输等操作（图3-12、图3-13）、繁殖（图3-14）等相关，主要易发生在摄食、捕捞、运输、繁殖、进新水、下雨时。寄生虫如甲壳类寄生虫会破坏鱼体组织，撕破皮肤，成为细菌入侵的重要途径，高温季节的花白鲢细菌性败血症与锚头蚤的寄生高度相关（图3-15、图3-16），秋天大宗鱼的烂鳃与中华蚤高度相关（图3-17），蠕虫

图 3-12　运输操作不当，可导致鱼体受伤

图 3-13　捕捞操作不当，可导致鱼体受伤

图 3-14　繁殖后的异育银鲫亲本，可见体表受伤，鳞片脱落

图 3-15　细菌性败血症跟锚头蚤高度相关

图 3-16　高温期花白鲢细菌性败血症与
锚头蚤高度相关

如三代虫等导致鳃丝黏液异常分泌，影响鱼的呼吸从而影响摄食（图3-18），导致免疫力下降，形成细菌入侵的条件。

图 3-17　中华鳋导致草鱼的烂鳃

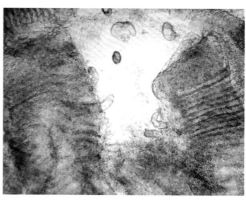

图 3-18　三代虫可导致鳃丝黏液增多，呼吸不畅

图 3-19　斑点叉尾鮰的胃部溃疡

（2）鳃部的伤口　鳃部的伤口跟寄生虫高度相关，另外用药不当（主要是消毒剂泼洒不均匀）、水质不良（主要是pH值过高或者过低）等也会导致鳃丝受伤，细菌入侵。

（3）消化道的伤口（图3-19）　主要跟消化道寄生虫如棘头虫（图3-20）、绦虫（图3-21、图3-22）、肠袋虫、各种线虫等有关，还跟投喂过多（图3-23）、饵料适口性差有关系。

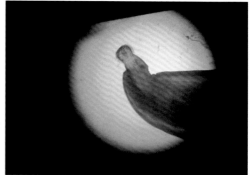

图 3-20　黄鳝胃部的棘头虫及其头部显微图片

图 3-21 寄生于鲤鱼肠道的鲤蠢绦虫

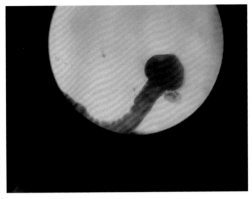

图 3-22 九江头槽绦虫的头部显微图

图 3-23 过量投喂的斑点叉尾鮰，肠道充
满未消化的饲料

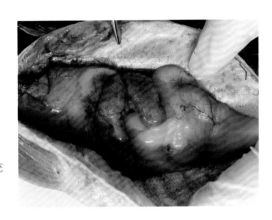

（三）引起免疫力下降的因素

鱼体最大的免疫器官是肝胰脏，最大的免疫系统是消化道。鱼体免疫力的强弱与肝胰脏的机能状态高度相关，并在以下情况发生时免疫力变弱：

（1）过量投喂 投喂过量的饲料后需要肝胰脏分泌更多的消化液对其消化，会加重肝胰脏的负担（图3-24、图3-25）。

（2）饲料营养含量过高 饲料营养含量过高时肝胰脏需分泌足量的消化液，同时多余的营养以脂肪的形式储存于肝胰脏中形成脂肪肝，两者都会给肝胰脏带来负担。

（3）饲料营养过低 长期投喂低质饲料会导致鱼营养摄入不足，不能满足肝胰脏维持基础机能的需要。

（4）长期缺氧 缺氧会导致鱼摄食变差，消化效率变差，营养摄入不足，免疫机能下降。

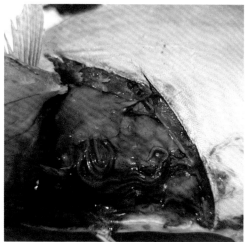

图 3-24　过量投喂的金鲳，体重 100g 的金鲳 1min 内可抢食 20 粒以上的饲料

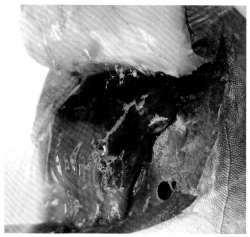

图 3-25　过量投喂导致金鲳肝胰脏、脾脏病变

（5）消化不良　肠道寄生虫及肠炎等导致营养吸收不良，肝胰脏获得的营养变少，亦会影响免疫机能。

（6）长期投喂单一免疫增强剂　会造成免疫疲劳，甚至损失肝胰脏功能。

（四）细菌性疾病的预防措施

1.建立标准化鱼体检查流程，发现伤口及时处理

建立鱼体检查的流程与规范，根据不同的养殖阶段设置固定的鱼体检查时间，高温期每5～7天对鱼体检查一次，主要是（体表、鳃丝、消化道）寄生虫寄生情况、鱼体体表伤口、鳞片是否完整、鳍条状况，发现问题后及时处理；低温期15～20天检查一次，主要是体表和消化道的伤口，发现问题后及时处理（图3-26）。

图 3-26　技术人员现场对金鲳进行鱼体检查

2.进水后及时消毒

新进水的池塘进水结束后全池泼洒氯制剂一次，5～7天后可投放苗种；养殖过程中池塘进水时可导致池底有机质、病原集中释放，也会导致鱼兴奋、狂游，容易形成伤口，引起细菌继发感染，可在进水前一天用氧化型底改改善池底，进水后一天全池泼洒消毒剂（图3-27），促进伤口恢复。

图 3-27　池塘进水（或暴雨）前后应对池塘进行处理

3.暴雨前改底，雨后消毒（高温期）

高温期是养殖的中后期，池底残饵、粪便积累较多，暴雨可导致水体对流，病原释放，有机质释放，鱼类活动加剧，受伤概率提高。

可在暴雨前一天用氧化型底改处理池塘，暴雨后一天全池泼洒消毒剂，促进鱼伤口恢复。

4.重点做好锚头蚤等甲壳类寄生虫的防控

锚头蚤、鱼虱、中华蚤等可撕破鱼体皮肤，造成较大的伤口，成为细菌入侵的重要途径。在对鱼体检查时应重点关注甲壳类寄生虫的寄生情况，还可在敏感期（如周边普遍发生锚头蚤等寄生时），在投饵台使用敌百虫挂袋（图3-28），内服驱虫中草药（图3-29）等，通过内服加外用的方法防止寄生虫的暴发。

图 3-28　投饵台敌百虫挂袋　　　　　　图 3-29　敏感时间节点及时拌药驱虫

5.做好肠道寄生虫的检查处理

体内寄生虫可破坏消化道的结构，是消化道致病菌入侵鱼体的重要途径。鱼体检查时分部位对消化道进行检查，解剖胃肠道主要观察胃壁、肠壁是否有溃疡、前肠是否有绦虫、棘头虫等寄生虫，对后肠粪便进行镜检，看是否有肠袋虫等的寄生。发现肠道寄生虫后，及时内服驱虫药物，同时外用广谱杀虫剂杀灭虫卵及幼虫，驱虫后还需对消化道伤口进行恢复处理。

6.投喂适口饵料，保证合适的投饵率，勿超量投喂，改变投饵机类型

根据水温灵活调整投饵率、投喂适口性好的饵料可以大幅降低鱼消化道病变的可能（图3-30），投饵后在投饵台周围及池边观察：看是否有白便、漂便（图3-31），轻微发生时可投喂发酵饲料或者乳酸菌，严重时需投喂氟苯尼考，治愈后再拌服发酵饲料或者乳酸菌恢复肠道功能。

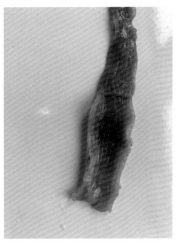

图 3-30　水温较低时过量投喂的斑点叉尾鮰的肠道及肠道溃疡

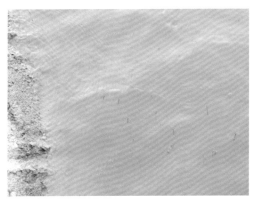

图 3-31　池边及下风处漂浮的粪便

7.温度较低时、投喂较多时、加量投喂时，拌服乳酸菌或者发酵饲料，保持肠道健康

低温期消化酶活性弱，消化效率低，应控制投饵量。有胃鱼（如斑点叉尾鮰、加州鲈、黄颡鱼等）在天气晴好时2～3天投喂一次，投饵率不超过3‰，无胃鱼（如草鱼、异育银鲫等）在天气晴好时1～2天投喂一次，投饵率不超过5‰，同时加量拌服乳酸菌或者发酵饲料，保持消化道健康。

8.投喂初期、投喂高峰期加量投喂保肝药，促进肝脏机能提升，保证消化效率

饲料的消化需要消化液的参与，而消化液主要由肝胰脏分泌。因此在投喂初期、投喂高峰期、加量投料时需重点关注肝胰脏状态，加量投喂保肝药，维持肝胰

脏健康，可以保证消化效率，保证足够的营养供给。

9.高温季节、易对流季节，加强改底频次，保证改底效果

池底是重要的病原库，加强对池底的改良对控制细菌性疾病有重要意义。现实中很多养殖户经常使用改底产品，但是并没有达到效果，比如下午巡塘时可见池边有大量的气泡夹杂黑泥上翻，这是池底恶化的表现。高温季节容易泛底，提前处理好池底，可防止细菌性败血症的暴发。

10.加强对特定病原的检疫（如爱德华氏菌等）

苗种带毒（菌）已经成为普遍的现象，而优良的苗种又是健康养殖的基础和前提，在购买苗种前对特定病原进行检测，弃养带毒（菌）苗种，可从源头上控制疾病的发生。

11.病死鱼无害化处理

仍有很多养殖户不能做到及时打捞病死鱼，打捞后的病死鱼也可能被随意丢弃，甚至丢弃在池边或者进水渠中，下雨时大量高致病性病原会进入池塘；没有及时打捞的病死鱼会被肉食性鱼类啃食，也可能导致肉食性鱼类发病。

对病死鱼及时打捞、收集，通过深埋等方式无害化处理，可降低养殖环境中病原的丰度。

12.疫苗是预防细菌性疾病的重要方法

疫苗对细菌性疾病的预防效果也是明确的，如"草鱼四联疫苗"，除了可以预防草鱼出血病外，对烂鳃、赤皮、肠炎等由细菌感染引起的"老三病"的预防效果也非常好。有条件的企业可以按照国家规范要求，生产、推广、使用疫苗。

二、细菌性疾病治疗的标准化

确诊是疾病治疗的前提，可根据出血形态、死鱼种类（图3-32、图3-33）、典型症状及发病水温等对病原是否为细菌作出判断。

（一）体表的典型症状

细菌感染引起的病灶较大（图3-34～图3-39），出血形态为弥散型，出血面积大，连片。

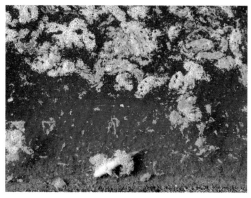

图 3-32 细菌性败血症会导致
小杂鱼先出现死亡

图 3-33 细菌性疾病引起的
死鱼种类往往不止一种

图 3-34 白鲢的打印病（示下腹部的
红色印章样病灶）

图 3-35 感染细菌性败血症
的白鲢（胸鳍基部穿孔出血）

图 3-36 患赤皮病的异育银鲫
（示体表鳞片脱落、病灶出血）

图 3-37 患疖疮病的鲫（示背部隆起）

图 3-38　患竖鳞病的鲫
（示鳞片竖立，腹部膨大）

图 3-39　患烂尾病的鲶（示尾柄溃烂）

（二）鳃部及口腔的病变

见图 3-40～图 3-44。

图 3-40　患细菌性败血症的鳙
（示咽、鳃出血，胸鳍基部出血）

图 3-41　长吻鮠吻端出血

图 3-42　患大红鳃的异育银鲫（示鳃丝鲜红）

图 3-43　患烂鳃的草鱼（示鳃丝腐烂）

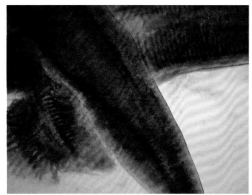

图 3-44
烂鳃初期的鳃丝镜检图（示鳃丝血窦）

（三）内脏器官的病变

见图 3-45～图 3-52。

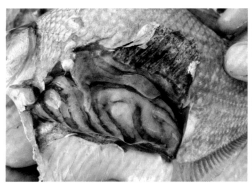

图 3-45　患细菌性败血症的团头鲂
（示内脏团表面弥散型出血）

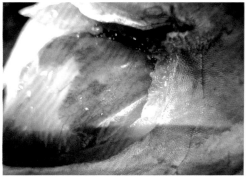

图 3-46　感染链球菌的金鲳肝胰脏出血

图 3-47　患细菌性败血症的草鱼
（示鳔弥散型出血）

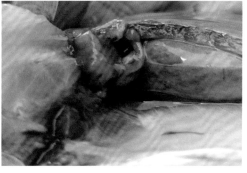

图 3-48　感染链球菌的金鲳腹腔膜、鳔出血

图 3-49 感染链球菌的金鲳，胃壁、肠壁充血，胃、肠道内充满脓液

图 3-50 患肠炎的斑点叉尾鲴及团头鲂，肛门红肿

图 3-51 患柱形病的斑点叉尾鲴体表的斑块   图 3-52 患柱形病的斑点叉尾鲴，
                                                          内脏弥散型出血

（四）其他一些细菌性疾病的典型特征

见图 3-53 ～图 3-58。

图 3-53 感染诺卡氏菌的海鲈眼球凸出、肾脏结节

图 3-54 感染诺卡氏菌的海鲈体表溃疡、肝胰脏结节

图 3-55 感染链球菌的罗非鱼眼球外凸、内脏出血

图 3-56　感染拟态弧菌的黄颡鱼体表
的方形病灶

图 3-57　感染爱德华氏菌的
斑点叉尾鮰头部溃疡灶

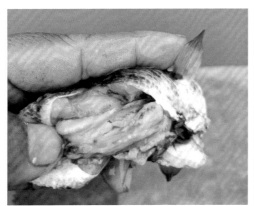

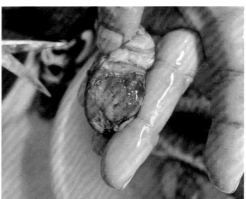

图 3-58　感染舒伯特气单胞菌的乌鳢内脏白色小结节

（五）细菌性疾病暴发后需注意的细节

1.不可降低投饵量

通过足量的敏感抗生素的投喂可快速治愈细菌性疾病，保持足够的投饵率是保证所有鱼类摄入足量药物的关键。池鱼发病后养殖户习惯减少或者停止投喂，有些养殖户在池鱼发病后减少投饵量达三分之一以上，这种做法对于病毒性疾病及营养性疾病的治疗有帮助，但是对于细菌性疾病的治疗有风险。

2.禁止进排水

加注新水在旧版鱼病防治书籍中被广泛推荐应用于各种疾病的辅助治疗，但对于当下的水产养殖不太适合，主要是养殖的基本情况发生了变化。现在的苗种质量、投放密度、营养水平、水质状况跟数十年前相比有了较大区别，苗种普遍退化、养殖密度越来越高、投饵量越来越大、饲料中替代原料越来越多、水质状况有所下降，这些对于疾病治疗都是不利的。而在发病期加注新水，会导致鱼类兴奋狂游，存在一定时间的免疫低下期，同时底泥上翻，有机质、病原释放，加大了养殖环境中的病原菌含量，继而加重病情或者引起反复发作。

3.治疗期间及治愈后的短期内不要施肥尤其是生物肥

细菌的生长也需要营养，而肥水膏等有机肥中富含N、P、K、C等营养元素，使用后可以促进细菌尤其是有害细菌的快速生长，在细菌性疾病治疗过程中或治愈后的一个星期内使用，可能引起疾病加剧或者复发。

4.外用消毒剂应结合水质综合选择

消毒剂在杀灭致病菌的同时也杀灭藻类，可能会影响池塘水体中的溶氧量，杀死的藻类分解后变为有机质还会供给细菌生长，因此外用消毒剂的种类应根据水质状况灵活选择。水质优良、藻类丰度高时，所有消毒剂都可使用；水质不良、藻类较少、溶氧不足时，慎用表面活性剂（苯扎溴铵）；针对鳃部的细菌性疾病如细菌性烂鳃病，最好选择碘制剂，其对伤口恢复的效果较好；而对于暴发性的细菌感染如细菌性败血症等，则可通过苯扎溴铵、戊二醛类消毒处理；滤食性鱼类投放较多的池塘，养殖前期不要高剂量使用氯制剂或者醛类，否则可能灼伤鳃丝，影响生长，而醛类因残留较久，会在较长时间影响藻类的生长，导致肥水困难。

5.治疗前需重点检查大型甲壳类寄生虫的寄生状况

寄生虫造成的伤口是细菌入侵鱼体的重要途径，也是各种细菌性疾病暴发的重要诱因。锚头蚤可寄生于鱼的体表、口腔、鳃盖、鳍条等处，其将头部插入鱼体，造成鱼体的伤口（图3-59、图3-60）；中华蚤寄生于鳃丝，破坏鳃丝结构，造成鳃

图3-59　锚头蚤叮咬导致鲫体表出现伤口

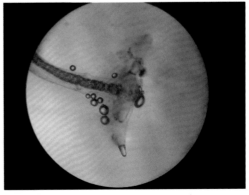

图3-60　锚头蚤头部显微图片

图 3-61　中华蚤导致白鲢烂鳃

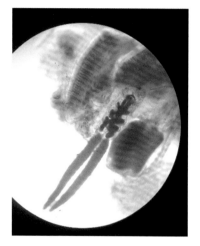

图 3-62　中华蚤显微图

部的伤口（图3-61、图3-62）；鱼虱通过口器刺破体表、鳃盖等处的皮肤，亦可造成较大的伤口。由甲壳类寄生虫造成的伤口通常较大，细菌可通过伤口入侵鱼体，引起继发性的疾病。

6.抗生素仍是治疗细菌感染的重要手段

抗生素仍是治疗细菌性疾病重要且有效的手段。国家倡导的"减量用药、精准用药"的主旨是为了减少抗生素的滥用，提高抗生素使用的精准度，目的是为了防止细菌耐药性的产生。对于水产养殖而言，抗生素是保证养殖成功的重要工具之一，不要妖魔化抗生素，通过药敏试验等筛选敏感抗生素，结合药物效应动力学及药物代谢动力学，科学使用抗生素才是长久之计。

中草药在疾病治疗上被寄予厚望，但是目前还没有效果明确且成本低廉的抗菌中草药成品，其落地、推广仍有一段过程。

7.预防用抗生素与治疗用抗生素有所区别

尽管使用抗生素预防细菌性疾病没有意义，但在养殖中仍有一些养殖户习惯定期投喂抗生素预防鱼病。在鱼病治疗时需要注意，用于预防的抗生素在用于治疗时需加大剂量或者更换品种，否则可能无法达到预期效果。

（六）细菌性疾病治疗方案的固化

1.基本方案

外用：第一天下午使用有机酸等优化水体环境；第二天上午，消毒剂全池泼洒，隔天再用一次。

消毒剂的选择：① 鳃部病变、水质不佳时，固化为碘制剂；② 其他部位病变、水质较好时，所有消毒剂都可选择；③ 其他部位病变、水质不佳时，选择碘制剂。

内服：保持投饵量，若为革兰氏阴性菌感染，在饲料中添加恩诺沙星（可复配硫酸新霉素）、维生素内服，一天两次，连喂5～7天；若为革兰氏阳性菌感染（链球菌、诺卡氏菌等），在饲料中添加氟苯尼考（可复配盐酸多西环素）或者磺胺类，加抗菌中草药一起拌饵内服，一天一次，连喂5～7天。

治疗前仔细检查鱼体，如果有锚头蚤等甲壳类寄生虫寄生，则需先处理寄生虫，然后按照上述方案再行处理。

2.常用抗生素的配伍固化

① 恩诺沙星+硫酸新霉素：主要用于大宗淡水鱼尤其是有鳞鱼的细菌性疾病的治疗，首次发病时，单独使用恩诺沙星即可，恩诺沙星耐药或者治疗中后期、鱼死亡量较大时，可以复配硫酸新霉素一起拌饵投喂。

② 氟苯尼考+强力霉素：主要用于有胃鱼及无鳞鱼的各种革兰氏阳性菌、阴性菌感染的治疗，如果主要是消化道的问题，且死亡量不大时，内服氟苯尼考即可，若为严重的消化道问题及革兰氏阳性菌感染如诺卡氏菌感染时，可将强力霉素与氟苯尼考复配内服，注意氟苯尼考不要跟维生素C一起内服，会产生拮抗作用。

③ 磺胺+小苏打：磺胺也是极佳的抗菌药，首次使用时需加倍。由于投喂量大，其代谢时对肝胰脏伤害较大，为了降低对鱼体的伤害，可同时加上小苏打一起内服，用量为每包40kg的饲料添加100g小苏打一起拌服。

三、病毒性疾病预防的标准化

（一）病毒性疾病的发病特点

水生动物病毒对水温较为敏感，只在一定温度范围内发病，温度越趋于中间，发病越快；病毒对寄主专一性强，通常情况下，一种病毒性疾病只会导致混养池塘中某一种鱼发病或者死亡；病毒只在活的细胞内存活，寄主死亡后病毒释放或死亡；感染鱼的规格相对固定，如斑点叉尾鮰病毒病一般感染100g以下的斑点叉尾鮰苗种。

常见的水生动物病毒性疾病有：鲤鱼疱疹病毒病，发病鱼种为鲤鱼（框鲤、镜鲤、建鲤等）；异育银鲫鳃出血病，发病鱼种为异育银鲫（图3-63）、斑点叉尾

图 3-63　鳃出血病只会导致池塘中的异育银鲫死亡

图 3-64　斑点叉尾鮰病毒病只会导致池塘中斑点叉尾鮰苗种死亡

鮰病毒病，发病鱼主要是100g以下的苗种（图3-64）；草鱼出血病，发病鱼主要是1000g以下的草鱼、青鱼；鳜鱼虹彩病毒病，发病鱼种为鳜鱼；加州鲈熟身病（弹状病毒），发病鱼为加州鲈苗种；白斑综合征，发病种类为南美白对虾等各种虾类及部分蟹类（中华绒螯蟹也可携带病毒并发病）等。

病毒性疾病大多为条件致病，致病条件为病原存在、水生动物体质变弱（免疫力低下）、低溶氧胁迫等。病毒性疾病没有特效药，应以预防为主，在感染后期可能继发细菌感染，在治疗时应予考虑（图3-65、图3-66）。

图 3-65　鱼鳔同时出现弥散型及点状出血，说明细菌、病毒混合感染

图 3-66　鳃出血病通常与细菌病并发

（二）病原来源及传播途径

1.水源

病原可以通过新塘进水时带入，养殖过程中进水时带入，不同池塘交叉感染；水体中的某些生物如浮游动物等可能会携带病毒并造成传播。另外敏感品种以外的鱼种也可能成为带毒者，在条件合适时传播给敏感鱼类。

2.苗种

苗种带毒已经成为常态，病毒可通过垂直传播获得（图3-67）。垂直传播指亲本携带的病毒通过繁殖的过程直接传播给子代，是病毒传播的重要途径之一。

图 3-67 弹状病毒可通过垂直传播的方式进行传播，引起加州鲈苗的熟身病

据不完全统计，部分疫区异育银鲫苗种鳃出血病病毒的携带率接近100%，加州鲈苗种弹状病毒的携带率超过80%，鳜鱼苗种虹彩病毒的携带率超过80%，鲤鱼苗种鲤鱼疱疹病毒的携带率达到70%，小龙虾白斑综合征病毒的携带率超过90%，这些携带了病毒的苗种被销售到全国各地，造成了个别品种全国范围内普遍发病。

3.苗场防疫

水生动物苗种繁育场所目前少有防疫的措施，有时候为了吸引客户，甚至会组织养殖户进入苗场参观，此过程中养殖户可以接触池水、可以投饵、可以打捞查看苗种，都可能造成病原的传播。因此，水生动物苗场需采取防疫措施（图3-68）。

图 3-68 苗场需采取防疫措施

4.工具

苗场繁育用的工具如捞海（图3-69）、投喂工具等配置不规范，不能做到每口池塘有专用的工具，工具的混用也可能造成病毒传播（图3-70）。某些细节设置不科学，如底层微孔增氧的曝气头过于贴近池壁、气量过大（图3-71），工作时水面以上可形成微水滴并借助风力流动，导致了病毒的传播。

图 3-69　捞海等工具应专塘专用　　　　图 3-70　不同育苗池的工具应单独设置

专业捕捞队伍自备的网具没有经过消毒处理再次投入到其他池塘使用，可能造成病毒的传播。

5.鱼体接触

投饵时，鱼会大量聚集在一起抢食，携带有病毒的鱼可以通过接触将病毒传染给健康鱼（图3-72）。传统的投饵机投饵范围小，鱼集中度更高，导致投饵区溶氧低下，低溶氧胁迫对病毒病的暴发有重要的诱发作用。

图 3-71　曝气头气量设置也应灵活调整　　　图 3-72　投饵时鱼体接触可导致病毒传播

6.病死鱼

病死鱼随意丢弃或者商业化利用都会造成病原的传播和流行（图3-73）。部分濒死鱼打捞后被冷冻，用作河蟹、甲鱼等的饵料，病毒会通过此过程进行传播。更有甚者将打捞后的病死鱼烘干做成鱼粉，再返添至饲料中，对于疾病的防控极为不利。

7.摄食染病同类

凶猛的肉食性水生动物有自相残杀的习性，如南美白对虾患白斑综合征后活力减弱，会被数十只健康虾抢食，病毒通过此过程传播。因此虾池发病后进展迅速，且死虾规格偏大，这是大虾抢食病虾的结果。

图 3-73 病死鱼随意丢弃可传播病毒

8.其他途径

经常遇到这样的情况，发病严重的池塘有大量鸥鸟常驻下风处，邻近未发病池塘往往也可发现濒死鱼（图3-74），这就是鸥鸟转运濒死鱼时掉落造成的，此过程会造成病原的传播。

图 3-74 鸥鸟是病原传播的重要途径

池边有较多杂草、树木对养殖不利，既遮挡阳光、阻碍风力、影响溶氧，也会招引各种鸟类栖息，其生活中的排泄物进入池塘，成为疾病传染的重要源头。

（三）免疫力下降

免疫力的下降主要与免疫器官的功能相关，而鱼体最大的免疫器官是肝胰脏，因此肝胰脏的机能状态与免疫力的强弱高度相关。肝胰脏的机能会在过量投喂（需分泌更多的消化液）、长期投喂营养过剩的饲料（图3-75，需分泌足量的消化液、肝胰脏脂肪浸润）、长期投喂营养含量过低的饲料（营养摄入不足）、长期缺氧（缺氧会导致鱼摄食变差，消化效率变差，免疫机能下降）、消化不良（肠道寄生虫及肠炎等导致营养吸收下降，肝胰脏获得的营养变少，亦会影响免疫机能，图3-76）、长期投喂单一免疫增强剂（会造成免疫疲劳，甚至损失肝胰脏功能）时下降。

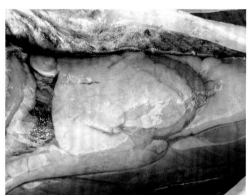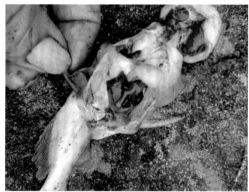

图 3-75　肝胰脏的病变会导致免疫力下降

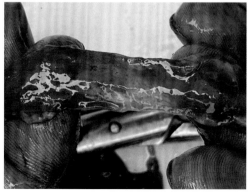

图 3-76　消化道寄生虫及肠炎会导致营养吸收变差，免疫器官因获得营养不足而机能下降

（四）低溶氧胁迫

池塘中的溶氧主要与藻类的光合作用强度、夜间各种生物消耗的平衡有关系。当池塘中溶氧总体充足时，仍可能出现局部溶氧较低的情况，如投饵区、捕捞区（图3-77）。低溶氧胁迫对小龙虾白斑综合征发病后的存活率有很大影响，地笼中的小龙虾活力弱、易死亡主要跟地笼区域龙虾密度高、局部低溶氧有关系。

图 3-77　投饵区、捕捞区易形成局部低溶氧区，需重点增氧

传统的抛投式投饵机投饵范围小，鱼群中心水体溶氧不到0.3mg/L，也会对病毒病的暴发起到促进作用。

另外在养殖过程中，还需要关注水体分层及池底的缺氧状况（图3-78、图3-79）。

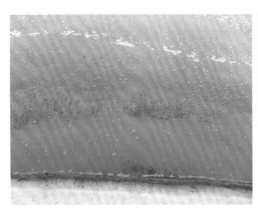

图 3-78　藻类过量生长后为争夺阳光聚集在水体表层，可造成水体分层、池底缺氧

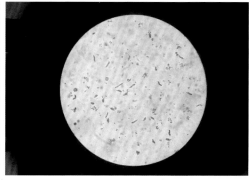

图 3-79 裸藻、甲藻类夜间耗氧严重，导致凌晨水体溶氧低下，形成水华后易暴发病毒性疾病

（五）病毒性疾病的预防措施

1.在敏感水温到来前半个月投喂抗病毒中草药（免疫增强剂）

水生动物病毒对水温较为敏感，一般只在敏感温度范围内发病，通过流行病学调查可以获知病毒病的发病水温。在敏感水温到来前半个月投喂免疫增强剂或者抗病毒中草药，可以使养殖动物在敏感水温内形成较好的免疫力，对病毒性疾病的预防起到较好作用。目前生产中的主要做法是到了敏感水温或者养殖动物已经发病后再投喂免疫增强剂或者抗病毒中草药，而免疫力的提升需要时间，最少要通过7天以上的投喂才能起作用，因此效果就不会太好。

2.强化肝胰脏功能，提升非特异性免疫力

非特异性免疫在鱼类免疫中起到了重要作用，也是鱼类对抗病毒的重要途径。非特异性免疫力又跟免疫器官的功能高度相关，鱼类最重要的免疫器官是肝胰脏，因此需重点强化肝胰脏的功能。目前市面上流通着许多保肝药或者免疫增强剂，养殖户们也期望通过这些投入品快速提升鱼类肝胰脏功能，但这种做法值得商榷，肝胰脏功能保持、免疫力维持的核心是科学、合理地投喂营养配比科学的饲料，其他药物起到的是锦上添花的作用。

在养殖中，需要结合鱼体检查，及时关注肝胰脏状态，进行精准的养护，才能起到较好的免疫力维持的效果。

3.保持溶氧充足，局部区域重点增氧

维持水体溶氧充足稳定是养殖中重要的工作，要注重重点区域的溶氧提升，如投饵区、捕捞区等。

可以改变投饵机类型，将传统的抛投式投饵机改为风送式投饵机（图3-80），这样投饵面积更大，鱼的摄食更均匀，聚集度更低，投饵区的溶氧会相对更高；在投饵区设置增氧机，一般是水车式增氧机（图3-81），在投饵前10min打开，可将投饵区外富含溶氧的水带到投饵区，增加投饵区溶氧，也可在投饵台下设置底层微孔增氧，保证投饵区溶氧的相对充足；在捕捞区设置底层微孔增氧，或者定期投放长效的增氧剂，也可以保证捕捞区的溶氧量。

高温季节，晴天的12～15点打开增氧机可以促进水体对流，将表层富含溶氧的水带入到底层，缓解池底的氧缺乏，提高夜间的溶氧。

图3-80　风送式投饵机　　　　　图3-81　投饵区前的水车式增氧机

4.切断或减少病体接触

改变投饵机类型，将传统的抛投式投饵机改为风送式投饵机；在投饵区架设水车式增氧机或者底层微孔增氧；南美白对虾养殖池塘套养适量草鱼，可在第一时间摄食发病虾，切断病原的传播；养殖工具专塘专用，使用以后及时对工具消毒（包括网具、捞海、投喂工具），也可减少病原的传播。

5.对苗种进行检疫

苗种带毒将会成为常态，加强对苗种的检疫就非常重要。可通过PCR检测、病原快速检测试剂盒等工具对苗种进行特定病原的检测，结合鱼体检查的结果，对苗种带毒情况、苗种质量进行评判，弃养带毒苗种。购买持证的良种场的苗种，对苗种的生产、运输、流通等环节进行管理，坚决执行苗种产地检疫政策，意义重大。

6.彻底清塘，不留死角

清塘可以很好地清除残存的病原包括病毒，保证下次养殖时环境的健康。推荐使用的清塘药物是生石灰和漂白粉，清塘剂及茶籽饼对于病原几乎没有杀灭作用，不建议用于清塘。生石灰最好带水清塘，每亩使用量应达到175kg以上，生石灰在水中溶解后趁热将石灰浆全池泼洒，漂白粉要带水清塘，其只有溶解在水中才能起到杀灭病原的作用。

清塘剂的选择、使用剂量和方法的正确与否关系着清塘的效果。

7.病毒病敏感温度到来前完成苗种投放工作

苗种的投放细节较多，最好能在病毒病发生的敏感温度到来前完成苗种的捕捞、运输、投放工作，苗种下池后及时投喂免疫增强剂，方可从容面对病毒性疾病，切勿在周边大规模发病时拉网、运输、投放苗种。

8.长期未进水池塘，敏感期不进水

经常加注新水的池塘加注新水问题不大，但是长期未进水的池塘突然加注新水风险很高。长期没有进水的池塘，在病毒病发生的敏感温度内不要进水，否则极可能引起病毒病的暴发。

9.接种疫苗

疫苗对病毒性疾病的预防效果明确，在人类病毒病的防控中起到了重要的积极作用。草鱼出血病疫苗对草鱼出血病的预防效果也十分明确，鉴于疫苗对病毒病预防的重要作用，生产一线应加大疫苗的推广、使用力度，通过疫苗的接种来降低病毒病的危害。

疫苗的保护效率跟接种鱼的规格、注射的时间、注射的部位、疫苗的剂型等有相关性，在具体使用时需综合上述内容科学接种。

四、病毒病治疗的标准化

确诊是疾病治疗的前提，可根据出血形态、死鱼种类、肠道状态、典型症状及发病水温对病原是否为病毒作出诊断（见图3-82～图3-87）。

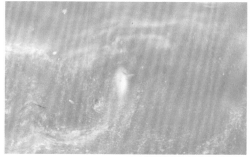

图 3-82　斑点叉尾鮰病毒病只会导致混养池塘中的斑点叉尾鮰死亡

图 3-83 感染虹彩病毒的加州鲈肠道点状出血

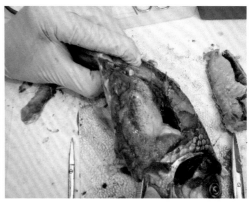

图 3-84 患鳃出血病的鲫鳔点状出血

图 3-85 患鳃出血病的鲫下颌点状出血

图 3-86 感染虹彩病毒的鳜肝胰脏点状出血

图 3-87 患草鱼出血病、鲤鱼疱疹病毒病的草鱼、鲤鱼肠道弹性好，无内容物

（一）部分病毒病的典型症状

1.鲤鱼疱疹病毒病

典型症状见图3-88 ～图3-91。

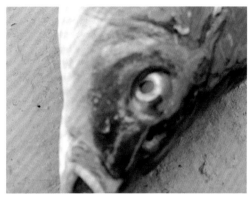

图 3-88　患鲤鱼疱疹病毒病的鲤眼球凹陷

图 3-89　患鲤鱼疱疹病毒病的鲤头骨凹陷

图 3-90　患疱疹病毒病的框鲤鳃丝溃烂

图 3-91　患鲤鱼疱疹病毒病的鲤眼球凹陷、鳃丝溃烂

2.异育银鲫鳃出血病

典型症状见图3-92 ～图3-94。

3.鳜鱼虹彩病毒病

典型症状见图3-95 ～图3-98。

图 3-92　患鳃出血病的鲫鳃丝大量流血

图 3-93　鳃出血病致死的鲫

（死鱼靠近水面侧鳃盖有红点）

图 3-94　患鳃出血病的鲫鱼鳔点状出血

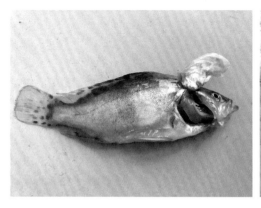

图 3-95　患鳜鱼虹彩病毒病的鳜鳃丝
　　　　颜色变淡，发白

图 3-96　患病鳜肝胰脏色淡，发白

图 3-97　患病鳜肝胰脏点状出血

图 3-98　濒死鱼内脏出血，肝胰脏点状出血

4.斑点叉尾鲴病毒病

典型症状见图3-99～图3-102。

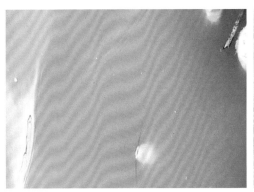

图 3-99　濒死鱼头朝上、尾朝下悬挂在水中

图 3-100　濒死鱼下颌点状出血、腹部膨大

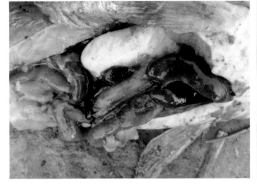

图 3-101　濒死鱼内脏出血、脾脏肿大

图 3-102　患病鱼下颌点状出血

5.鲤鱼痘疮病

典型症状见图3-103 ～图3-106。

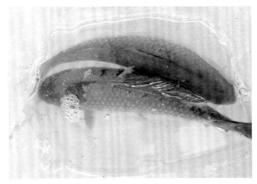

图 3-103　患病鱼体表的白色黏液层

图 3-104　患病鲤尾鳍黏液异常增生

图 3-105　患病镜鲤眼球突出

图 3-106　濒死鱼腹腔有大量带血腹水，
内脏严重出血

6.加州鲈弹状病毒病

典型症状见图3-107 ～图3-110。

图 3-107　患病加州鲈继发水霉感染

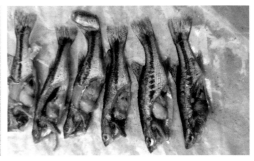

图 3-108　患病鱼内脏解剖图

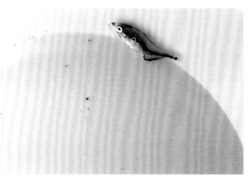

图 3-109　患病鱼肠道仍有食物，
　　　　　说明病程急、发病快

图 3-110　濒死鱼有拖便的症状

7.加州鲈虹彩病毒病

典型症状见图3-111、图3-112。

图 3-111　患病加州鲈体表的溃疡灶（图片由胡雄提供）

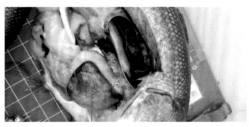

图 3-112　解剖濒死鱼可见肝胰脏点状出血、坏死

8.草鱼出血病

典型症状见图3-113～图3-116。

图 3-113　草鱼出血病（红鳍红鳃盖型 1）

图 3-114　草鱼出血病（红鳍红鳃盖型 2）

图 3-115　草鱼出血病（红肌肉型）

图 3-116　草鱼出血病（肠炎型）

9.黄鳍鲷虹彩病毒病

典型症状见图3-117、图3-118。

图 3-117　患病黄鳍鲷外观正常

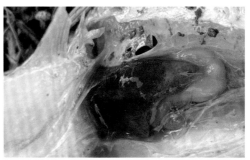

图 3-118　濒死鱼肝胰脏点状出血

10.罗非鱼罗湖病毒病

典型症状见图3-119、图3-120。

图 3-119　患病罗非鱼的眼球

图 3-120　濒死鱼鳃丝颜色变淡

（二）病毒性疾病的发病特征及治疗要点

病毒性疾病没有特效药，想通过一到两种药物治愈病毒病是不可能的。但是确诊为病毒性疾病后注意细节、保证水体溶氧充足、不做过激处理一般不会大量暴发，至敏感水温以外，可不治而愈。

一旦发生病毒性疾病，有如下建议。

1.停料3～5日

通过荧光定量PCR的检测，大部分患病毒病的濒死鱼黏液中存在大量病毒，在鱼体接触时可造成传播。而在鱼类养殖中，最容易发生鱼体接触的过程是投饵和进排水。因此病毒性疾病发生以后，可停止投饵3～5日，以减少鱼体的接触，减缓病毒的传播。

某些病毒性疾病如异育银鲫鳃出血病发病初期鱼摄食亢奋，若此时未控制投饵，则会快速传播，大量暴发。

2.禁止进排水

加注新水会导致鱼类兴奋狂游，产生一段免疫低下期，这对病毒病的暴发是极为有利的。进水的同时底泥上翻，有机质、病原释放，加大了水环境中的病原菌含量，可能造成继发的细菌感染，有机质分解时大量消耗氧气，造成溶氧低下，这些对鱼体健康是不利的。

3.消毒剂固化为优质碘制剂

体外的病毒非常脆弱，低剂量的消毒剂即可将其杀死，在治疗病毒性疾病时，外用消毒剂也是重要的手段。消毒剂种类繁多，杀灭病原的原理各不相同，在具体选择时需要考虑其对藻类的影响、溶氧的影响、鱼体本身的影响等。通过生产实践的总结，病毒病发生以后选用优质的碘制剂最为安全，合理使用可抑制病毒病的发展。其他消毒剂会刺激鱼的黏液分泌，对鱼体影响较大，使用后往往发生暴发性死亡。

病毒性疾病外用消毒剂可固化为优质的碘制剂。

4.防止细菌的继发感染是治疗时需考虑的重要因素

病毒寄生于细胞内，药物需要足够大的剂量才能够内渗进入细胞，在杀灭病毒的同时对细胞本身也有非常大的影响。病毒性疾病的治疗是一个系统化的工作，不是通过一两个药物就能解决的。

另外由于病毒侵袭免疫器官，导致免疫机能下降，发生病毒病以后往往会有细菌或者寄生虫的继发感染，在治疗时需根据鱼体检查情况仔细甄别，方能给出合理的方案。

5.禁止使用化肥肥水

疾病治疗期到治愈后的一个星期不要肥水，如果必须要做，则不要使用化肥肥水。常用的化肥有碳铵、尿素等，兑水泼洒后可在短期内导致水体氨氮、亚硝酸盐含量快速上升，对鱼鳃部造成刺激，诱发病毒性疾病的暴发。

6.保持溶氧充足

低溶氧胁迫对病毒病有重要的诱发作用，保持水体溶氧充足、稳定是鱼类病毒性疾病治疗的基础。可根据水质状况，通过优质调水产品分解有机质，保持藻类丰度，合理使用增氧机等措施保证溶氧。

还要注意的是，水质过肥、藻类过多会导致水体 pH 值偏高，高 pH 值亦会对鱼鳃形成刺激，促使病毒性疾病暴发。

（三）病毒性疾病治疗方案的固化

外用：第一天下午优化水环境（使用有机酸等）；第二天上午，碘制剂泼洒，隔天再用一次。

内服：停止投饵至死亡量下降到稳定。然后从正常投饵量的三分之一开始投喂，同时在饲料中添加板蓝根（大青叶）、黄芪多糖、维生素（牛磺酸、液体甜菜碱）拌饵投喂，如果有细菌继发感染，还需要添加恩诺沙星等敏感抗生素一起投喂。

五、寄生虫病预防的标准化

寄生虫可以寄生于鱼体的各个部位，造成不同的危害和后果，如三代虫等蠕虫主要寄生于鳃丝，导致鳃部黏液异常增多，粘附有机质，包裹鳃丝，影响鱼的呼吸（图3-121）；扁弯口吸虫（图3-122）寄生于鳃盖等处的浅表肌肉层中，脱落后会在体表留下较大的伤口，继发细菌感染；锚头蚤（图3-123）寄生于体表、鳍条、口腔等处，既可影响鱼的摄食，也会刺破鱼的皮肤，形成细菌入侵的途径；肠道寄生虫如九江头槽绦虫（图3-124）寄生于草鱼等的肠道内，直接吸取鱼体营养，导致鱼体消瘦，同时鱼肠道被堵塞，鱼不摄食，俗称"闭口病"。

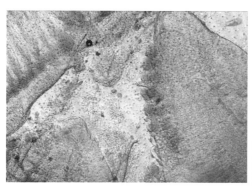

图 3-121　三代虫寄生后的鳃丝

图 3-122　扁弯口吸虫寄生于浅表肌肉层
形成的包囊

图 3-123　锚头蚤寄生于鱼的体表后
继发细菌感染

图 3-124　九江头槽绦虫
堵塞肠管，导致闭口病

随着生态环境的持续转好，中间寄主数量的逐年增多，养殖密度的不断提高，杀虫药物的严格管控，未来由寄生虫引发的损失还会扩大，因此做好寄生虫病的预防尤为重要。

（一）寄生虫易发的时期及诱因

1.雨后

下雨会导致底泥上翻、虫卵释放，同时下雨时鱼的活动加剧，受伤概率提高，雨后是寄生虫的高发期，尤其是连绵阴雨天气过后，往往会普遍发生寄生虫病，主要是绦虫及车轮虫等（图3-125、图3-126）。

图 3-125　雨后九江头槽绦虫暴发导致草鱼苗大量死亡

图 3-126　车轮虫引起的银鲫鱼苗大量死亡

2.水温变化较大时（清明前后）

温度的剧烈变化对鱼是较强的刺激，并导致免疫机能下降，给病原包括寄生虫的入侵创造了条件。清明前后温度变化较大，水温回升较快，寄生虫的繁殖加快，是鱼类感染寄生虫的重要时期，主要是车轮虫等纤毛虫、指环虫等蠕虫、洪湖碘泡虫等孢子虫等。

3.底质较差的池塘

长期不清淤、淤泥较厚的池塘（图3-127、图3-128），池底含有大量病原包

图 3-127　投饵台前淤泥厚，虫卵多

括寄生虫的虫卵。这些虫卵会在条件合适时，如下雨时、进水时、拉网时集中释放，引起感染，导致发病（图3-129）。

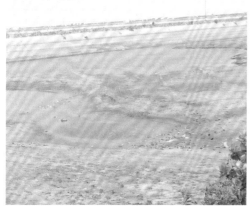 

图 3-128　环沟处淤泥较厚，需重点关注　　图 3-129　雨后车轮虫引起"跑马"（环游不止）

4.苗种质量较差，携带特定病原

某些寄生虫可由苗种带入，如引起罗氏沼虾生长缓慢（铁虾）的微孢子虫，寄生在南美白对虾肠道的肝肠孢虫等都可由苗种携带。在苗种购进时不进行检疫，很可能购进携带有病原的苗种，在养殖过程中，条件合适时病原快速增殖，引起发病。

5.鸥鸟较多的地区

鸥鸟是多种寄生虫的中间寄主，可通过排便等方式造成寄生虫的传播。鸥鸟喜欢生活于池边有较多树木（图3-130）、杂草的池塘，这些池塘易发生寄生虫。

图 3-130　池边的树木是鸥鸟栖息的良好场所

6.椎实螺等较多的池塘

椎实螺、河蚌等软体动物是多种寄生虫的中间寄主（图3-131）。椎实螺可传播血居吸虫，河蚌的幼虫本身就是重要的鱼体寄生虫，学名叫钩介幼虫，钩介幼虫会在河蚌繁殖期集中释放，短期内大量寄生于鱼体，造成鱼苗急性死亡（图3-132）。

图 3-131　螺类是多种寄生虫的中间寄主　　图 3-132　鱼、蚌混养模式对鱼类的养殖不利

7.清塘不彻底的池塘

通过彻底清塘可以杀灭池底的寄生虫及虫卵，降低来年寄生虫病的发病率。若清塘不彻底，长期不清淤，池底淤泥较厚，则容易发生寄生虫病。

8.鱼体质较弱时

鱼体质较弱预示着免疫力低下，各种病原在该情况下更容易入侵鱼体，形成寄生。体质的强弱与饵料的投喂、饵料的质量及肝胰脏的状况有很大关系。

9.水丝蚓较多的池塘

水丝蚓是孢子虫等的中间寄主，主要生活在池底淤泥中，尤其是长期不清淤的池塘丰度较高。

10.养殖密度过大

养殖密度越高，残饵、粪便越多，池底容易恶化，各类寄生虫更易感染鱼体，且接触传播的机会更大。

（二）寄生虫病的预防措施

1.彻底清塘，先晒塘、再清塘（最好能翻动底泥），定期清淤

养殖结束后放干池水晒塘，以晒至池底龟裂为好。进苗前半个月到二十天进行

清塘，清塘药物最好选择生石灰，使用量为175～250kg/亩，兑水后趁热全池泼洒，泼洒时最好能翻动池底，池埂也需泼洒，漂白粉也可作为清塘药物，使用时需带水清塘。针对寄生虫较多的池塘，使用生石灰的同时还可添加每亩750g的敌百虫一起清塘，以彻底杀灭虫卵及幼虫。

茶籽饼、清塘剂对很多病原无效，不建议用作病害频发池塘的清塘。

2.控制椎实螺等中间寄主的数量

较多的螺类会消耗水体溶氧，增加寄生虫传播的机会。通过投放适量青鱼、青草诱捕等方式可以控制螺类数量。有些地区仍采用鱼蚌混养的养殖模式，在特定的时间节点主要是蚌的繁殖期会大量释放钩介幼虫，造成鱼苗的急性感染，形成损失。

3.驱赶鸥鸟

清理池边杂草、树木，通过在投饵区设置保护网、放置稻草人（图3-133）、绑上光碟、投饵时放鞭炮等措施，驱赶鸥鸟，降低鸥鸟在池塘的停留时间。

这里需要注意的是：鸥鸟是保护动物，不可伤害，否则可能涉及违法。

4.对苗种进行特定病原的检疫

购进苗种前通过PCR检测、快速检测试剂盒等方式对苗种进行特定病原的检疫，如虾肝肠孢虫、微孢子虫、黏孢子虫等可被精准检出，一旦发现苗种携带病原，弃养带毒苗种。优良的苗种是健康养成的基础条件。

5.控制好池塘中的有机质

有机质是细菌等的营养来源之一，而细菌又是某些寄生性原虫的营养来源。对池水进行检查，在透明度低、有机质含量高时，通过分解型有益菌分解有机质（图3-134），调节好水质，优化养殖环境，可减少纤毛虫类寄生虫的寄生。

图 3-133　投饵台放置的假人　　　　图 3-134　用微生态制剂分解有机质

6.改底——避免底泥中虫卵集中释放

在重要的时间节点做好改底工作，主要是暴雨前、进水前。在养殖过程中要时常关注池底状况，主要通过下风处观察是否有大量气泡上翻、插竹竿看是否有大量带臭味的气泡上翻等方式判断，底质恶化时，需及时进行改良。

还要注意改底的方式方法，现在常见的改底方法是低剂量全池抛撒改底产品，大部分情况下无法达到预期效果，可以考虑改为分段大剂量投放改底产品的方式，比如每天处理池底三分之一到四分之一的区域，在这个区域大剂量抛撒改底产品。

7.雨后、气温变化较大时强化鱼体体质

在连绵阴雨天气、温差较大时，灵活调整投饵率，通过添加维生素或者免疫增强剂等，提高鱼体体质。

8.雨后、气温变化较大、周边发现特定寄生虫时，投饵台挂袋

在周边普遍发生某种寄生虫病的时候，可以通过驱虫中草药如槟榔雷丸散、百部贯众散的内服，同时在投饵区用敌百虫挂袋的方法进行预防。

9.套养河蟹、黄颡鱼等，控制水丝蚓丰度

在孢子虫易发的池塘，适量套养黄颡鱼［图3-135（a）］、扣蟹［图3-135（b）］等，摄食池底的水丝蚓，降低中间寄主的丰度，也可以降低孢子虫病的发生率。

（a）黄颡鱼　　　　　　　　　　　　　（b）扣蟹

图 3-135　黄颡鱼、扣蟹可以摄食水丝蚓，降低孢子虫发生的概率

六、寄生虫病治疗的标准化

寄生虫的寄生强度跟养殖密度、生态环境、池底状况、中间寄主等高度相关，随着养殖密度越来越大，生态环境持续好转，池底残饵、粪便逐渐累积，中间寄主丰度持续变高，寄生虫的危害还会一进步加大。对于寄生虫病的治疗，应该按大类进行，不同种类的寄生虫病的治疗方法相对固定。

（一）寄生虫的分类

从治疗的角度可以分为以下几类。

1.鞭毛虫类

① 锥体虫：寄生于鲤鱼、黄鳝等的血液，需制作血涂片镜检进行确诊，可引起昏睡病。

② 隐鞭虫（图3-136）：寄生于草鱼等的鳃丝，引起烂鳃及摄食变差。

③ 波豆虫：可寄生于体表、鳃丝及鳞片下，引起体表白点、竖鳞病等。

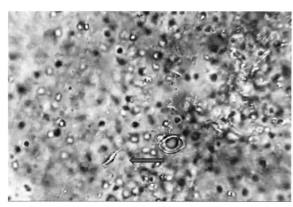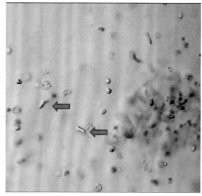

图 3-136　寄生于鳃丝的隐鞭虫显微图

2.内变形虫

内变形虫寄生于草鱼等的肠道内，可以破坏肠壁，加剧肠炎。

3.孢子虫类

① 单极虫：如吉陶单极虫（图3-137～图3-139），可寄生于鲤鱼的体表形成巨型孢囊或者肠道内形成球型孢囊；武汉单极虫（图3-140），可寄生于鲫的体表，形成白色孢囊。

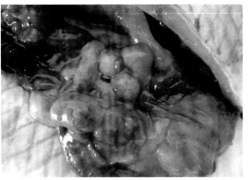

图 3-137　吉陶单极虫寄生于框鲤的体表、建鲤的肠道形成的孢囊

图 3-138　吉陶单极虫寄生于建鲤的
　　　　　体表形成的孢囊

图 3-139　吉陶单极虫显微图

② 微孢子虫：主要寄生于虾蟹肠道内，引起生长缓慢甚至停滞。

③ 黏孢子虫：寄生于鱼体的各个部位，如咽喉（图3-141）、鳃丝（图3-142）、肝胰脏（图3-143）、鳍条、吻部（图3-144）及体腔（图3-145、图3-146）内，寄生部位不同，危害不同。

图 3-140　武汉单极虫在异育银鲫体表形成的孢囊　图 3-141　洪湖碘泡虫寄生在咽喉引起的孢囊

图 3-142　瓶囊碘泡虫寄生于鳃丝
　　　　　形成的孢囊

图 3-143　吴李碘泡虫寄生于肝胰脏
　　　　　形成的孢囊

图 3-144　丑陋圆形碘泡虫在
　　　　　鲫吻部形成的孢囊

图 3-145　普洛宁碘泡虫在
　　　　　鲫腹腔形成的孢囊

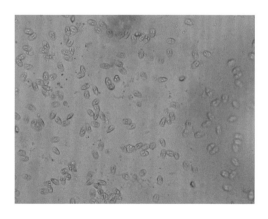

图 3-146　普洛宁碘泡虫显微图

4.纤毛虫类

① 斜管虫（图3-147）：寄生于鱼苗体表和鳃部，引起鱼苗扎堆，常造成暴发性死亡。

② 小瓜虫（图3-148）：在鱼体表形成白点，体表、鳃丝、鳍条均可寄生，寄生部位形成针尖状小白点，治疗难度高，危害极大。

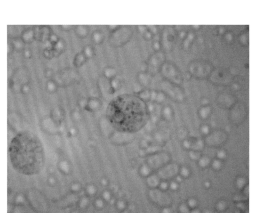

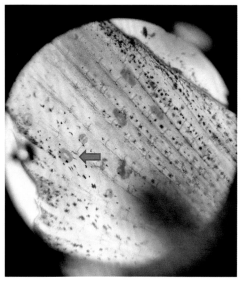

图 3-147 斜管虫显微图　　　　　图 3-148 小瓜虫显微图（示马蹄形的亮核，马腾飞供图）

③ 车轮虫（图3-149）：寄生于鱼体表、鳍条、鳃丝等处，引起鱼苗打转、"跑马"，对鱼苗的危害大于成鱼。

④ 钟虫（图3-150）和杯体虫：在鱼体表形成肉眼可见的絮状物。

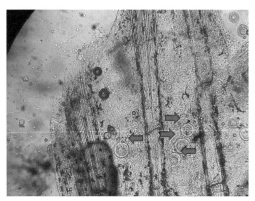

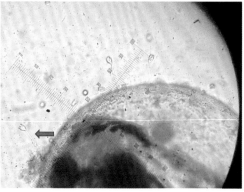

图 3-149 车轮虫显微图　　　　　图 3-150 钟虫显微图

5.单殖吸虫

① 指环虫（图3-151），三代虫（图3-152）：寄生于鳃丝等处，引起鳃丝黏液异常分泌（图3-153），影响鱼的呼吸。

② 本尼登虫：寄生于海水鱼的体表等处，可在体表观察到白芝麻样虫体。

③ 双身虫（图3-154）：寄生于淡水鱼的鳃丝。

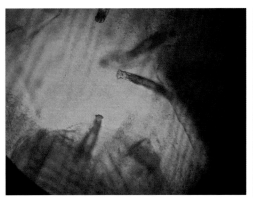

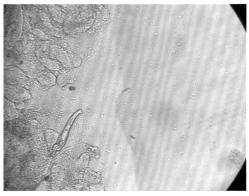

图 3-151　指环虫寄生图　　　　　　图 3-152　三代虫寄生图

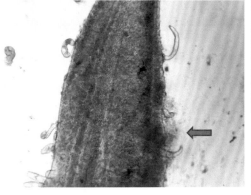

图 3-153　三代虫大量寄生后黏液异常分泌　　图 3-154　双身虫显微图

6.复殖吸虫

① 扁弯口吸虫（图3-155）：寄生于鱼体浅表肌肉层，形成橘黄色包囊，脱落后可在寄生部位形成空洞。

② 双穴吸虫（图3-156）：慢性感染时，寄生于鱼的眼球内，在眼球形成肉眼可见的白点，后期导致眼球脱落，瞎眼。

图 3-155　扁弯口吸虫寄生图

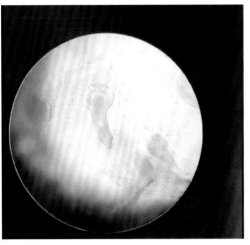

图 3-156　双穴吸虫寄生图

7.绦虫

① 鲤蠹绦虫（图3-157）：寄生于鲤鱼的前肠，影响鱼的摄食，引起鱼体消瘦。

② 九江头槽绦虫（图3-158）：寄生于草鱼、鳊鱼的前肠，引起寄主体色发黑，闭口，不摄食。

③ 舌型绦虫（图3-159）：寄生于鲫、黄金鲫等的前肠，引起寄主腹部膨大，冬、春季大量死亡。

图 3-157　寄生于鲤鱼肠道的绦虫

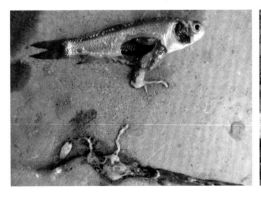

图 3-158　寄生于草鱼肠道的绦虫

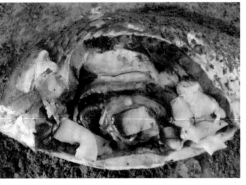

图 3-159　寄生于黄金鲫肠道的绦虫

8.线虫类

① 毛细线虫（图3-160）：寄生于黄鳝的消化道或肠系膜。

② 嗜子宫线虫（图3-161）：寄生于眼部时可见红色虫体盘曲于眼窝；寄生于体表时可导致乌鳢、鲫等鳞片竖立；寄生于尾鳍时可见鲤鱼等尾鳍内有红色虫体。

图 3-160　毛细线虫显微图　　　　　　　图 3-161　嗜子宫线虫寄生于尾鳍内

9.棘头虫类

长棘吻虫、新棘衣虫：主要寄生于黄鳝、黄颡鱼等的肠道（图3-162），引起肠道炎症。

图 3-162　寄生于黄鳝消化道的棘头虫及头部显微图片

10.鱼蛭类

尺蠖鱼蛭、湖蛭（图3-163）：寄生于各种淡水鱼的体表，造成鱼体消瘦，传播其他血液寄生虫。

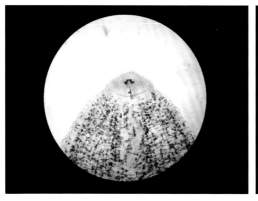
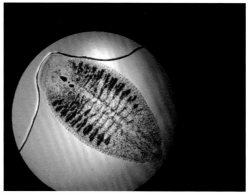

图 3-163　鱼蛭显微图片

11.钩介幼虫

为河蚌幼虫（图3-164），可在短期内大量寄生，引起急性感染，鱼苗表现"红头白嘴"的症状。

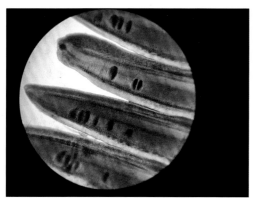
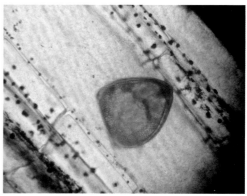

图 3-164　鲤鱼鳃部的钩介幼虫寄生状态及显微图片

12.甲壳类

① 中华鳋（图3-165）：寄生于各种鱼类的鳃丝末端，导致鳃丝末端发白、烂鳃，肉眼可见白色蛆样虫体，引起鱼尾鳍上翘，不摄食。

② 锚头鳋（图3-166）：寄生于口腔、体表、鳍条等处，引起寄生处充血发炎，继发细菌感染。

③ 鱼虱（图3-167）：寄生于体表、鳍条等处，通过口器撕破皮肤，引起充血发炎，继发细菌感染。

图 3-165 中华蚤寄生于草鱼鳃丝末端

图 3-166 锚头蚤寄生处形成红点

④ 鱼怪（图3-168）：寄生于胸腔内，繁殖后从口腔爬出，造成寄主死亡，散在性发生。

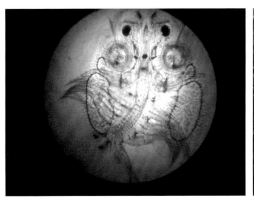

图 3-167 鱼虱显微图

图 3-168 鱼怪形态图

（二）寄生虫病的治疗方法

不同种类的寄生虫危害不尽相同，鱼种以上规格的鱼感染少量蠕虫、纤毛虫时危害不大，不管何种规格的鱼发现甲壳类、肠道寄生虫寄生后，需第一时间处理。

1.孢子虫病

孢子虫病是危害较大的寄生虫之一，根据孢子虫寄生部位分为鳃孢子虫病（瓶囊碘泡虫、汪氏单极虫等，不同规格鱼种都会发生，一般不引起死亡，苗种阶段少量感染也需处理，鱼种以上规格的鱼少量寄生时可不做处理，会自行脱落），肤孢子虫病（武汉单极虫、丑陋圆形碘泡虫等，50g以下鲫鱼鱼种易发生，会影响鱼的运动及摄食，导致生长不均匀，需处理）、腹孢子虫病（吴李碘泡虫，寄生于鱼的肝脏中，发病时间长，冬季仍可引起死亡，需及时处理），喉孢子虫病（洪湖碘泡虫，寄生于鱼的咽喉，堵塞食管，引起病鱼消瘦，水花到成鱼都可发生，处理不当可引起暴发性死亡，需及时处理）。

孢子虫病的治疗方法如下。

外用方案：环烷酸铜溶液连续泼洒两到三次，每次间隔一天或者敌百虫500～600g/亩+硫酸亚铁100～150g/亩兑水后全池泼洒，连续泼洒两到三次，每次间隔一天。

内服方案：盐酸氯苯胍（以原粉计，每吨饲料加入600g）+盐酸左旋咪唑（以原粉计，每吨饲料加入500～600g）+百部贯众散+磺胺（视情况）。

治愈后，将保肝药和维生素加量2～3倍投喂5～7日。

注意事项：

① 外用药物含量、质量对治疗效果影响较大，购买时需仔细甄别。

② 阿维菌素被广泛应用于各种寄生虫病的治疗中，但是其已经被列为停用兽药，不可再使用。

③ 盐酸氯苯胍为治疗药物，因其容易形成耐药性，预防时不要使用。长期投喂会破坏肝脏，甚至造成中毒，因此不要长期添加于饲料中。

④ 盐酸氯苯胍对于草鱼等毒性较大，按推荐剂量使用会导致草鱼中毒死亡，草鲫混养池塘不可使用。如果超过推荐剂量添加也可引起鲫鱼中毒，因此添加剂量需计算准确，药物也需拌匀后再投喂。

⑤ 选择敌百虫作为孢子虫病的外用治疗药物需慎重。敌百虫具胃毒，使用后可引起鱼类拒食，对治疗不利。

2.指环虫、三代虫等单殖吸虫感染

大量寄生后叮咬鳃丝，造成鳃丝黏液分泌过多，严重时会在鳃丝外面包裹一层蓝色黏液层，导致鱼呼吸不畅，甚至继发细菌感染。

治疗方法如下。

① 甲苯咪唑溶液全池泼洒，同时内服驱虫药物如左旋咪唑、槟榔雷丸散等。

② 外用或者内服敌百虫也可以治疗该病。

注意事项：

① 甲苯咪唑易形成耐药性，不可作为预防药物使用。

② 无鳞鱼慎用甲苯咪唑。

③ 指环虫等少量寄生时可不做处理，保持水质优良、鱼体质健康，对鱼危害不大。

④ 黏液可阻隔药物与鳃丝的接触，可先用五倍子或者苯扎溴铵等处理黏液，再外泼杀虫剂。

⑤ 敌百虫内服方法为：将125～150g敌百虫加入40kg饲料中，一日一次，连喂3天。

3. 车轮虫、聚缩虫、斜管虫等纤毛虫病

寄生于鱼体表及鳃部，引起擦身及狂游，还会导致鱼类黏液异常分泌后包裹鳃丝，造成呼吸困难，导致死亡。主要感染鱼苗，斜管虫可引起鱼苗扎堆现象；车轮虫引起鱼苗打转、"跑马"、白头白嘴等症状；聚缩虫可导致鱼苗体表色素消退，出现絮状物。

治疗方法：鱼类使用硫酸铜+硫酸亚铁泼洒；虾蟹用硫酸锌泼洒。中草药如苦参碱、青蒿等也可用于纤毛虫类的处理。

注意事项：

① 纤毛虫寄生后鳃丝黏液过多，导致药物难以接触到虫体，需先用表面活性剂或具收敛功效的药物处理黏液后再杀虫。

② 硫酸铜对鱼苗毒性较大，使用剂量需准确计算，不可超量。

③ 杀虫后及时调清水质，控制有机质含量，可防止复发。有机质含量高的水体鱼易得纤毛虫病。

④ 黑鱼对硫酸亚铁敏感，按推荐剂量使用可导致黑鱼死亡。

⑤ 硫酸铜、硫酸亚铁易吸水氧化，购买时需注意药品颜色是否变化。

⑥ 此类寄生虫对幼鱼危害大，即使少量寄生，也需及时处理。

⑦ 代森铵也常用于纤毛虫的治疗，但其属于农药，在水产养殖中属于违禁药品，购买杀虫剂时可根据气味进行甄别。

4. 甲壳类寄生虫感染

中华鳋寄生于鳃丝末端，可见鳃丝末端有白色蛆样虫体，被感染鱼尾鳍上翘，摄食变差或不摄食；锚头鳋寄生于鱼的体表、鳍条及口腔等处，寄生部位出现红点或针状虫体，引起鱼类擦身、狂游、异常跳动等现象，易继发细菌感染引起细菌性败血症；鱼虱寄生于鳃盖内侧及体表，引起寄主擦身、狂游，严重时可直接导致寄主死亡。此类寄生虫个体较大，可严重破坏鱼皮肤及鳃丝，大量寄生后鱼体消瘦，另外其造成的伤口是细菌入侵的重要途径，引起继发性的细菌感染。多种细菌性疾病的暴发与甲壳类寄生虫的寄生高度相关。

治疗方法：

甲壳类寄生虫对于有机磷类、菊酯类杀虫剂敏感，可用敌百虫、辛硫磷、氯氰菊酯等全池泼洒，或者在投饵台用敌百虫挂袋进行预防。

注意事项：

① 有机磷杀虫剂应在上午泼洒。

② 有机磷杀虫剂具胃毒，会引起鱼类拒食，用药后摄食下降属正常现象。

③ 使用敌百虫前，需测量水体pH，pH值高于9的池塘不可使用。

④ 菊酯类杀虫剂低温期对鲫鱼、白鲢毒性较大，使用需慎重。

⑤ 因甲壳类寄生虫造成的伤口较大，杀虫后还需消毒，以促进伤口愈合。

⑥ 加州鲈、鳜鱼对敌百虫敏感，不可使用。

5.绦虫类寄生虫病

发病鱼体色发黑，腹部膨大，打开腹腔可见肠道肿胀、膨大，解剖肠道可见前肠有大量白色带状虫体，严重时虫体可撑破肠道，进入腹腔。

不同种类绦虫的危害特征：九江头槽绦虫，主要寄生于草鱼、鳊鱼的前肠，导致体色发黑、腹部膨大，鱼闭口不摄食；舌型绦虫，主要寄生于鲫、黄金鲫的前肠，导致体色变暗、腹部膨大，虫体可撑破肠道进入腹腔，引起鱼类死亡。

治疗方法：先内服，后外用。

内服：选择摄食量最大的一餐用阿苯达唑或者吡喹酮拌饵内服，每日一次，连续3～5日。

外用：内服药物3天后，外用广谱杀虫剂一次，七日后再用一次。

注意事项：

① 团头鲂对吡喹酮敏感，按推荐剂量添加可导致团头鲂中毒死亡。

② 治疗过程中，不可降低投饵率，否则饥饿的鱼在寻找食物时会将虫卵或幼虫摄入，造成二次感染。

③ 鸥鸟是该病的主要传播媒介。

④ 对于绦虫的治疗应先内服驱虫药，3天后再外用杀虫剂，可以保证体内体外的寄生虫都被杀灭干净。

6.线虫类寄生虫病

寄生于鱼体的线虫主要有以下几种。

嗜子宫线虫：主要盘曲寄生在黄颡鱼、乌鳢的眼窝中，或者乌鳢、鲫的鳞片下，或者鲤、鲫的尾鳍内，可见红色虫体，会影响性腺发育，严重寄生时可导致病鱼死亡。

毛细线虫：主要寄生于黄鳝等的肠系膜、消化道内，可导致肠壁发炎，影响生长。

治疗方法如下。

内服：用阿苯达唑或者吡喹酮或者盐酸左旋咪唑拌饵投喂，一天一次，连喂3～5天。

外用：外用敌百虫全池泼洒，隔天再用一次。

7.其他寄生虫感染

鱼蛭：主要寄生在各种淡水鱼的体表，可通过氯化钠、敌百虫等的浸泡或者泼洒进行治疗。

棘头虫：主要寄生于黄鳝、黄颡鱼的消化道，通过敌百虫、盐酸左旋咪唑等内服进行治疗。

肠袋虫：主要寄生于草鱼等的后肠粪便中，可加剧肠炎，通过敌百虫、盐酸左旋咪唑内服进行治疗。

钩介幼虫：短期内大量寄生在鱼的体表、鳃、鳍条等处，引起"红头白嘴"的症状；可通过泼洒敌百虫溶液进行治疗。

双穴吸虫：慢性感染时导致水晶体脱落、瞎眼的症状，外用敌百虫+硫酸亚铁高剂量泼洒，连用两次，中间间隔一天，内服硫酸新霉素等治疗继发的细菌感染。

扁弯口吸虫：主要寄生于鳃盖内侧及浅表肌肉中，外用敌百虫+硫酸亚铁全池泼洒进行治疗，虫体脱落后外用碘制剂泼洒两次，促进伤口恢复。

鞭毛虫：治疗方法及注意事项参考车轮虫等纤毛虫类寄生虫病。

七、真菌性疾病防控的标准化

真菌性疾病的发病特点：为继发性疾病，主要通过伤口侵入机体，传染性强，治疗困难，治疗效果主要与摄食状态、伤口大小、感染比例及水中有机质含量有关。真菌对水体温度及盐度较为敏感，有机质含量高时更易发生。

（一）鱼类常见真菌性疾病

1.水霉病

可感染几乎所有鱼类及鱼卵，形成肉眼可见的灰白色絮状物（图3-169），鱼体受伤或鱼卵死亡是发生的重要诱因。可寄生在鱼的体表（图3-170）、鳃丝（图

3-171）或者口腔（图3-172）等处，病鱼焦躁不安、游动迟缓（图3-173），食欲减退，严重时可致死亡。鱼卵被寄生时可见鱼卵外表长出大量外菌丝，形似太阳，俗称"太阳卵"（图3-174），孵化水质不佳，有机质含量高，未及时捞取死卵是鱼卵感染的重要原因。水霉病流行的水温为5～26℃，最适流行水温13～18℃。

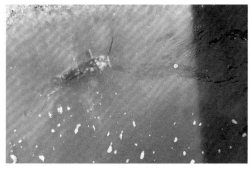

图 3-169　寄生水霉的斑点叉尾鮰

图 3-170　体表寄生水霉的草鱼

图 3-171　体表及鳃丝寄生水霉的鳙鱼

图 3-172　水霉寄生于斑点叉尾鮰的口腔中

图 3-173　感染水霉的鲻鱼游动状态

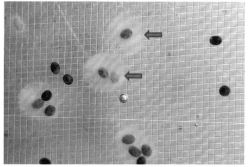

图 3-174　寄生水霉的红螯螯虾的卵

2.鳃霉病

感染鳃霉后的病鱼体色发黑，呼吸困难，食欲减退，游动迟缓，鳃丝黏液增多，形成花斑鳃（图3-175、图3-176）。病鱼高度贫血，鳃丝呈现青灰色，严重时病鱼缺氧窒息而死。该病主要流行于5～10月，高温时发病更加严重。可危害青鱼、草鱼、鲢、鳙等常见淡水鱼及黄颡鱼等特种鱼类，在水质恶化、有机质含量高的池塘更易发生，死亡率较高。本病与细菌性烂鳃病的症状相似，易造成误诊。

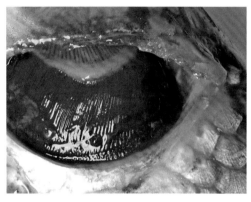

图3-175　感染鳃霉的鲫的鳃丝

图3-176　感染鳃霉的鳙

（二）真菌性疾病的预防措施

1.彻底清塘、定期清淤

池底淤泥是病原真菌的重要来源，高密度养殖池塘建议在养殖3～5年后对池底清淤一次，清淤后对池底彻底清塘，可降低病原的丰度，从而降低发病率。

2.及时检查鱼体

真菌入侵机体的重要途径为鱼体的伤口，通过建立标准化的鱼体检查流程，定期对鱼体进行检查，发现伤口及时处理，可以切断入侵途径，降低发病率。

3.做好鱼种下塘的各项工作

做好鱼种购进的各项工作，提前对所购鱼种进行体检，在拉网、运输、放苗过程中严格按照操作规范进行操作，降低鱼体受伤的概率，也可降低感染水霉的概率。

4.越冬前加深水位，避免剧烈降温导致鱼体被冻伤后继发水霉

根据水温灵活调整池塘水位。在越冬前加深水位，并调肥水质，避免冬季寒潮

时鱼被冻伤，继发水霉感染。

5.保持水质优良，尤其是控制水体中有机质含量

科学投喂、精准施肥，降低池塘中有机质含量，水质不佳时应经常使用优质发酵饲料或者EM菌、乳酸菌等分解型有益菌，促进有机质的分解。

（三）真菌性疾病的治疗方法

真菌感染通常为继发性感染，体表的伤口是其感染的主要途径，及时对鱼体进行检查，防止鱼体受伤，促进伤口尽早恢复是避免真菌感染的主要举措。一旦发生真菌感染，除了对真菌进行处理，还需对伤口进行恢复，可避免复发。

真菌性疾病处理方法如下。

外用：每亩用五倍子末（100～150g）+盐（2000g），兑水后全池泼洒，严重时隔天再用一次，而后用优质碘制剂泼洒两次，促进体表伤口恢复。

内服：一般水霉病发生时水温较低，投饵率较低，投饵率低于0.5%的池塘，以保肝药、维生素、乳酸菌、发酵饲料等按说明书加量三倍投喂；投饵率超过1.0%的池塘，可以在饲料中添加恩诺沙星、硫酸新霉素等抗生素进行治疗，疾病治愈后停掉抗生素，改为添加保肝药、维生素及乳酸菌继续投喂7～10日。

八、小型鱼病实验室的建立

（一）小型鱼病防控实验室的功能需求

① 对苗种是否携带有特定病原（病毒、细菌、真菌、寄生虫等）进行检测。
② 对病毒性疾病的病原进行诊断。
③ 对细菌性疾病的病原进行鉴定，通过药敏试验筛选敏感药物。
④ 对寄生虫性病原进行诊断。
⑤ 对水质指标进行检测，为水质调控方案提供支撑。
⑥ 进行标准化鱼体检查、解剖等，了解鱼体健康状况。

（二）不同的检测诉求需要的器材

（1）病毒性病原　主要通过两种方法进行检测，分别是PCR检测及快速检测试剂盒。

PCR检测方法需要PCR仪、超低温冰箱、普通冰箱、凝胶成像系统、离心机、电泳仪、移液枪、枪头、高压灭菌锅、水浴锅、电脑等仪器，检测用的房间要求单独设置，有空调，需要专人操作，要求较高。

对病毒性病原做定性检测时，在生产一线也可使用快速检测试剂盒，已经有针对各种病毒的商品化快速检测试剂盒售卖。

（2）细菌性病原　需要对致病菌进行分离、纯化、扩大培养及药敏试验。

需要的器材是：培养基、培养皿、高压灭菌锅、无菌操作台、烘箱、试验台、解剖盘、解剖工具、酒精灯、酒精棉球、接种环、涂抹棒、生化培养箱、振荡培养箱、药敏纸片、冰箱及冰柜、自动细菌鉴定及药敏系统等。

（3）寄生虫性病原　主要通过显微镜观察。

需要的器材是：普通光学显微镜、载玻片、盖玻片、生理盐水、手术剪、镊子等。

（4）水质检测　仪器或者试剂盒。生产一线对于水质的检测主要关注如下指标：pH值、氨氮、亚硝酸盐、硫化氢、磷酸盐等，另外还需通过显微镜等对藻的种类及丰度进行观察，对浮游动物数量进行判断，为水质的调节提供数据支撑。

（5）标准化的鱼体检查　解剖室、手术剪、镊子、解剖盘等。

（三）小型鱼病实验室的功能分区

1.病原检测室

如果购置PCR仪，该功能区应该单列，且配置空调，保证PCR仪的工作环境。

2.显微镜室

可与解剖室、水质检测室共列。主要放置显微镜，对寄生虫、水质等进行镜检。

3.解剖室或者接样室

可与显微镜室、水质检测室共列。鱼体的检查最好在现场（塘口）完成，送样可能造成病症的变化，引起误诊。

4.水质检测室

可与显微镜室、解剖室共列。水质检测最好在现场（塘口）完成，送样可能造成水质指标的变化，引起误诊。

第四章

渔药、增氧、投饵等其他细节

一、渔药选择的标准化

渔药是渔医的武器，是鱼病防治的重要抓手，渔药选择、使用的正确与否直接决定着鱼病防控的效果。渔药的选择应建立在详细了解渔药的种类及治病原理的基础上。

（一）常用的消毒剂及选择

常用的消毒剂有以下几类。

1.醛类

（1）福尔马林　对细菌、真菌、病毒和寄生虫均有杀灭作用。对皮肤和黏膜的刺激性很强，有致畸变作用，会引起鳃组织发炎，对浮游生物影响很大，可明显降低水的溶氧量，使用后要防止缺氧。鉴于其强烈的不良反应应慎用或尽量减少使用。

（2）戊二醛　常与季铵盐溶液复配后用作消毒、杀菌。在pH7.5～8.5时对细菌作用最强，pH超过9时，效果大大降低。

主要用于养殖环境及养殖工具消毒。低温期勿大量使用，否则会导致整个养殖周期藻类生长缓慢，肥水困难。

2.醋酸

醋酸（冰醋酸）为杀菌剂、杀虫剂和水质改良剂，此外还可调节池水pH。氨氮中毒、三毛金藻中毒后，可使用。

3.卤素类

（1）漂白粉　主要用作清塘剂、杀藻剂，使用3天后药性基本消失，可试水放苗。在酸性环境中杀菌作用强，在碱性环境中作用弱，暴露在空气中易吸水和CO_2而失效，使用剂量为：防治时使水体浓度达到1mg/L；清塘时使水体浓度达到30～50mg/L。

（2）强氯精　对鳃丝刺激较大，一般不用于鳃部疾病的处理，对藻类影响较大，池塘藻类较少、水质不稳定时慎重使用。不能与酸碱类物质混存，不要与金属器皿接触，药液现用现配，以晴天上午或傍晚施药为宜。

（3）二氧化氯　为广谱杀菌消毒剂、水质净化剂，通过释放氯气形成次氯酸从而对各种病原起到杀灭作用。以缓释、反应温和，投放数分钟后水变成黄绿色的为佳；兑水时反应剧烈，有大量黄绿色气体逸出的因有效成分散失，效果较差。

（4）聚维酮碘（第一代碘）　广谱消毒剂，对病毒、细菌有良好杀灭作用，毒性低，作用持久，有机质含量对其效果影响较大。

（5）络合碘（第二代碘）　对病毒、细菌有良好杀灭作用，药性较聚维酮碘更温和，常用于鳃部疾病的处理。

（6）复合碘（第三代碘）　低浓度即可杀灭病毒、细菌等病原，能渗入池底、污泥、粪便及其他有机物内，药效不受有机质、光线、pH的影响。为碘制剂中最温和的品种，可用于各种病毒性疾病的处理。

4.氧化剂（以高锰酸钾为例）

高锰酸钾（属于易制爆物品，已经严格管控）为强氧化剂，遇有机物即释放初生态氧从而起到杀菌作用，常用于水箱消毒、鱼苗饵料消毒、水族类细菌性疾病的处理，在浸泡时需注意控制浓度，避免对鳃造成伤害。

浸泡消毒方法：20～40mg/L，15min；全池泼洒的消毒方法：使水体中浓度达到0.2～2mg/L。

5.石灰类（以生石灰为例）

生石灰的主要成分为氧化钙，常用于水质恶化引起的细菌性败血症的防控，也可用于清塘，清塘剂量为175～250kg/亩，用于水质调节的剂量为10～20kg/亩。

6.表面活性剂（以苯扎溴铵为例）

苯扎溴铵为阳离子表面活性剂，对各种细菌具强杀伤力，对病毒效果较差；忌与碘制剂、过氧化物等配伍。可用于细菌性疾病的治疗；鳃丝黏液较多时，低剂量使用可促进鳃丝脱黏，提高杀虫剂的效果；对纤毛虫等也有杀灭作用。

7.其他常用消毒剂

（1）二硫氰基甲烷（杀菌红）　为杀藻杀菌的化学药物，常用于暴发性细菌病的处理。

（2）硫醚沙星（主要用于真菌的处理）　既能杀灭水体的病原，又能渗透到鱼类表皮中杀灭病原，且能刺激表皮细胞增生，促进皮肤组织修复。水体pH值大于8.5时效果下降。

消毒剂的选择要结合病灶部位、体质状况、水质状况、溶氧情况、摄食状况进行。

消毒剂的选择方法如下。

1.根据病灶部位及病原种类进行选择

① 鳃部病变（烂鳃病）：使用碘制剂，其他如氯制剂、表面活性剂、醛类等慎用。

② 体表病变：各类消毒剂都可选择。

③ 鳍条病变：各类消毒剂都可选择。

④ 病毒性疾病：使用碘制剂，其他消毒剂慎用。

⑤ 细菌性疾病：所有消毒剂均可使用，具体选择时应结合水质状况、溶氧状况、鱼体体质状况综合判断。

2.根据鱼体的体质状况进行选择

① 体质好：摄食正常、肝胰脏状态正常则各类消毒剂都可选择。

② 体质差：长期未摄食、肝胰脏病变则选择碘制剂。

3.根据水质状况进行消毒剂的选择

① 溶解氧：溶氧不足时，表面活性剂、醛类慎用。

② 有机质：含量较高时需加大各种消毒剂的使用量。

③ 藻类状况：藻类较少、水质清瘦时，表面活性剂、强氯精等慎用。

④ 温度：随着水温升高，消毒剂使用量应加大。

（二）常用抗菌药及选择

常用抗菌药有以下几类。

1.主要抗 G^+（革兰氏阳性菌）的抗生素

① 青霉素类：作用机理为抑制细菌细胞壁合成。

② 头孢菌素类：抗菌谱广，对酸和青霉素酶较稳定，毒性小，但价格昂贵。

③ 大环内酯类：作用机理为抑制蛋白质合成。

a.红霉素：从红链霉菌的培养液中获得，作用与青霉素类似，适用于耐青霉素菌株。现在市面上大部分用于杀灭蓝藻的特效药可能含有红霉素，使用有风险。

b.螺旋霉素：从链霉菌培养液中提取获得，临床常用乙酰螺旋霉素，其抗菌谱与红霉素类似，但作用较弱。

2.主要抗 G^-（革兰氏阴性菌）的抗生素

氨基糖苷类：作用机理为抑制细菌蛋白质合成；对 G^- 菌作用较强，某些种类对 G^+ 菌也有一定作用；内服不易吸收，主要用于肠道感染。

主要种类有：链霉素、庆大霉素、卡那霉素、丁胺卡那霉素（阿米卡星）和新霉素等。

3.广谱抗生素

抗菌谱广，对G^+和G^-、立克次氏体、衣原体等均有效。

（1）四环素类　抗菌机理为抑制蛋白质合成，细菌对本类药物耐药性严重。

① 土霉素：广谱抗生素，多用作肠炎病的治疗。

② 四环素：抗菌作用较土霉素强，内服吸收优于土霉素。

③ 金霉素（氯四环素）：作用与四环素类似，但对G^+作用较强。

④ 强力霉素（多西环素）：作用较土霉素强2～10倍，内服吸收好，有效血药浓度维持时间较长。

（2）氯霉素类　其作用机理与四环素类似，杀菌机理为抑制细菌蛋白质合成。

① 甲砜霉素：欧盟和美国均已将其列为禁用药，体外抗菌作用较氯霉素稍弱，但口服后分布广，体内抗菌作用较强，其免疫抑制作用比氯霉素强6倍，在疫苗接种时应禁用。

② 氟苯尼考：人工合成的甲砜霉素单氟衍生物，对肠道菌的抗菌活性好，对耐氯霉素和甲砜霉素菌株仍有高度抗菌活性。

（3）磺胺类　人工合成的广谱抗菌药，单独使用易产生耐药性，常与抗菌增效剂如TMP（三甲氧苄氨嘧啶）等联用，作用机理为抑制细菌的生长繁殖。

① 适用于全身感染的磺胺药

a.磺胺嘧啶（SD）：内服吸收快，可通过血脑屏障，常与TMP配伍。

b.磺胺二甲氧嘧啶（SDM）：作用较SD弱，但不良反应小。

c.磺胺甲基异噁唑（新诺明，SMZ）：作用较强，常与TMP合用。

② 适用于肠道感染的磺胺药

磺胺脒（SM）：内服极少吸收，在肠道可保持较高浓度。

（4）喹诺酮类　具喹诺酮结构的人工合成抗菌药，作用机制为抑制细菌DNA回旋酶活性，干扰DNA合成，与其他抗菌药无交叉耐药性。

① 诺氟沙星（氟哌酸）：广谱抗菌药，内服吸收迅速，已停用。

② 氧氟沙星（氟嗪酸）：广谱抗菌药，内服吸收好，药效优于氟哌酸，已停用。

③ 环丙沙星（环丙氟哌酸）：抗菌作用较氟哌酸强2～10倍，无公害水产品禁用。

④ 恩诺沙星：动物专用的喹诺酮类广谱抗菌药，仍可使用。

喹诺酮类药物特点与用药原则：① 抗菌谱广、杀菌力强、毒副作用小，但对

G^+球菌的作用效果较差；② 施药后体内分布广，注射和内服均易吸收；③ 属杀菌药物，主要用于治疗，一般不用于疾病预防；④ 安全范围广，但临床用量不宜过大（因其最小杀菌浓度相对较低，药物浓度过高，药效反而降低）；⑤ 利福平和氯霉素类药物均可使其药效降低，不宜配伍使用。

抗菌药的选择方法如下。

1.根据细菌革兰氏染色的类型选择

适用于革兰氏阳性菌感染的抗生素及配伍：磺胺类、头孢类、阿莫西林类、青霉素类、氟苯尼考＋强力霉素。

适用于革兰氏阴性菌感染的抗生素及配伍：恩诺沙星、硫酸新霉素、氟苯尼考、强力霉素。

2.根据病灶部位选择

适用于全身性细菌感染的抗生素：恩诺沙星、硫酸新霉素、氟苯尼考、强力霉素、阿莫西林、可肠道吸收的磺胺类。

适用于消化道感染的抗生素：氟苯尼考、庆大霉素、针对肠道致病菌的磺胺类。

（三）常用的外用杀虫剂及选择

1.硫酸铜

主要用于治疗车轮虫、斜管虫等纤毛虫，对藻类也有杀灭效果。民间还有用硫酸铜治疗细菌性败血症的案例，部分地区养殖户在拉网前，也会用硫酸铜遍洒，以收紧鱼的鳞片。

注意事项：对藻类影响较大，水质不佳、溶氧不足、藻类生长不好的池塘慎用；病毒感染后慎用；常与硫酸亚铁合用。

影响因素：硫酸铜的毒性与温度呈正相关，与pH值和有机质含量呈反相关。

2.硫酸亚铁

常与硫酸铜或敌百虫等合用，起增效作用，价格低，毒性低。

注意事项：硫酸亚铁为绿色，购买时需查看颜色；黑鱼（乌鳢）对硫酸亚铁敏感，低剂量使用可引起黑鱼死亡。

3.敌百虫

属有机磷杀虫剂，可用于杀灭鱼类体表或鳃上的甲壳类和单殖吸虫，如锚头蚤、中华蚤、指环虫等，常与硫酸亚铁合用。

注意：虾蟹单养或混养的池塘不可使用；水体pH值超过9时禁止使用；加州鲈、鳜鱼等池塘禁止使用；具胃毒作用，使用后可引起鱼类拒食；可内服驱虫，剂量为125～150g拌40kg的饲料。

4.环烷酸铜

主要用于孢子虫病的治疗，连续泼洒两到三次，中间间隔一天。

5.甲苯咪唑

是高效、广谱、低毒的驱虫药物，常用于指环虫、三代虫等蠕虫的处理，口服吸收少，不良反应轻。

注意事项：本品易形成耐药性，勿作为预防药物使用；可内服用于体内寄生虫的驱除。按正常用量，胭脂鱼发生死亡；淡水白鲳、斑点叉尾鮰等无鳞鱼对其敏感，不可使用；各种贝类敏感。

6.菊酯类杀虫剂（氯氰菊酯等）

有触杀和胃毒作用，主要用于甲壳类寄生虫及蠕虫病的治疗，本品对鱼体刺激较大，若超量使用，可导致鱼异常跳跃。

注意事项：虾、蟹极为敏感，低剂量对虾有强兴奋作用，低温期对白鲢、鲫鱼的毒性较大。

7.硫酸锌

具有收敛与抗菌作用，用于治疗甲壳类动物的纤毛虫病。

注意事项：海水贝类慎用，有可能致死，特别注意用后增氧。

8.辛硫磷

为有机磷杀虫剂，用于治疗鱼类甲壳类寄生虫病。易降解，对环境污染小，遇碱易分解而失去杀虫活性。对淡水白鲳、鲷毒性大，也不得用于大口鲶、黄颡鱼等无鳞鱼。

（四）内服驱虫药及选择

1.百部贯众散

可用于孢子虫等原虫的预防及治疗，每天内服一次，连用5～7天。

2.槟榔雷丸散

内服可用于鱼体表及体内多种寄生虫的防控。

3.青蒿素类

主要用于原虫的治疗,如小瓜虫、车轮虫等。

4.盐酸左旋咪唑

广谱驱虫药,可用于指环虫病、车轮虫病、三代虫病等体外寄生虫疾病的治疗,也可用于体内孢子虫的防控,亦是免疫增强剂。

5.敌百虫

可内服用于体表及体内寄生虫的防控,每天投喂一次,连喂3天。

注意事项:溶解时需将未溶解的药渣丢弃,敌百虫可能会造成脂肪代谢出现短期障碍,导致体色发黄等,停药后可自行恢复。

6.吡喹酮

用于绦虫和吸虫的治疗,团头鲂对其敏感,有团头鲂的池塘不可投喂。

7.阿苯达唑

主要用于线虫、吸虫及绦虫的治疗,每日一次,连续投喂3日。具胚胎毒性和致畸作用,繁殖期内的水生动物不宜使用。

8.盐酸氯苯胍

主要用于孢子虫等的治疗,添加剂量以原粉计每吨饲料添加0.6kg,每天一次,连喂5～7天,可与盐酸左旋咪唑、百部贯众散、磺胺等一起投喂。

注意事项:盐酸氯苯胍毒性较大,超量投喂会引起鲫鱼死亡;此药易形成耐药性,不可作为预防药物使用。

9.地克珠利

主要用于孢子虫病的防控。通常与盐酸氯苯胍、盐酸左旋咪唑等一起添加于饲料中用于孢子虫的防治,常用含量为5%的预混剂。

(五)抗真菌药及选择

1.制霉菌素

广谱抗真菌,口服后不易吸收,血药浓度极低,对全身真菌感染无治疗作用。用于水霉病、鳃霉病、鱼醉菌病、流行性溃疡综合征、镰刀菌病等的治疗。

2.克霉唑

为可内服的人工合成的咪唑类药物,广谱抗真菌,对深、浅部真菌均有良好作用。毒性小，内服易吸收，但仅为抑菌药，停药过早易引起复发。用于防治水生动物全身性和深部的真菌感染，对鱼卵的真菌病效果明显。

3.硫醚沙星

为丙烯基二硫醚与丙烯基三硫醚的复合化合物，对皮肤组织有再生激活作用，能很好地促进皮肤修复，主要用于处理体表伤口。

4.五倍子末

对水生动物的肝脏有很强的损伤作用，宜外用不宜口服。具抗革兰氏阳性和阴性菌的作用；对皮肤、黏膜溃疡等有良好的收敛作用；对表皮真菌有一定的抑制作用，能加速血液凝固。

（六）免疫增强剂及选择

1.葡聚糖

能激发补体、溶菌酶及巨噬细胞的活性，增强鱼虾抗细菌、病毒等感染的能力。

2.肽聚糖

可提高水生动物的抗病力，包括有效降低条件致病菌感染引起的死亡。

3.酵母细胞壁

可提高动物抗病力和增强食欲，促进生长。

4.脂多糖

可提高机体的非特异性免疫功能，增强养殖动物抗菌、抗病毒能力。

5.盐酸左旋咪唑

内服驱虫药，亦是免疫增强剂。

6.黄芪多糖

免疫促进剂或调节剂，同时具有抗病毒、抗辐射、抗应激、抗氧化等功效。

免疫增强剂大多价格较贵，市面上的产品价格差异较大，选择品牌企业生产的产品为好。需要注意的是三黄粉具抗菌功效，但是伤肝、破坏肠道菌群；高浓度大蒜素可破坏红细胞，破坏消化道菌群平衡，影响营养吸收。鱼体健康时，勿长期高剂量投喂三黄粉、大蒜素。

在选择杀虫剂、消毒剂、抗菌药等时，可通过"国家兽药综合查询"APP（图4-1）查询真伪，对预购产品的生产企业、GMP文号、批准文号等进行查询，选择正规企业的药物更有保障。

图 4-1 "国家兽药综合查询"APP

二、渔药使用的注意事项

杀虫剂的选择要与寄生虫的种类及寄生部位、鱼摄食及发病情况、水质状况等结合起来。主要原则是：① 不要对鱼的摄食造成影响（敌百虫等泼洒后会导致鱼类拒食）；② 不要诱发其他疾病（使用治疗锚头蚤的专用药物后，极可能诱发大红鳃病）；③ 不要对体质造成影响（敌百虫等会影响脂肪代谢，导致脂肪浸润）；④ 不要对水质造成大的破坏，导致溶氧下降；⑤ 不要加剧已经发生的疾病（外用杀虫剂会导致初期阶段的病毒性疾病快速暴发）；⑥ 不要超量使用，避免造成中毒（杀虫剂应在投饵后半小时泼洒为好，泼洒前应打开增氧机，促进药物溶散；乳油类杀虫剂池塘下风处少用或不用；内服药物应精确计算剂量，充分溶解，过滤后均匀拌饵，阴干半小时后再投喂）。

（一）杀虫剂的常见使用方法

① 全池泼洒（适用于大部分寄生虫的处理）；② 沿池边喷洒：清晨沿池塘四周在离岸一米处用敌百虫溶液喷洒（主要用于杀灭过多的浮游动物，鱼怪幼虫也可通过此方法处理）；③ 投饵台挂袋：投饵前10min每个投饵台挂3个药袋，将投饵区包围其中，每天一次，连挂3天（主要用于寄生虫的预防及少量寄生时的治疗）；④ 内服。

（二）消毒剂的选择和使用要点

1.根据病鱼的病症位置选择

① 鳃部（烂鳃病）：使用碘制剂，其他如氯制剂、表面活性剂、醛类慎用。
② 体表：各类消毒剂都可选择。
③ 鳍条：各类消毒剂都可选择。

2.根据鱼体的体质状况选择

① 体质好，摄食正常、肝胰脏状态正常：各类消毒剂都可选择。
② 体质差，长期未摄食、肝胰脏病变：选择碘制剂。

3.根据水质选择

① 水体溶氧不足时：表面活性剂、醛类慎用。
② 有机质含量高：需加大使用量。
③ 藻类较少、水质清瘦时：表面活性剂、强氯精等慎用。
④ 温度：温度越高，使用量越大。

4.消毒剂使用的误区

（1）对于消毒剂毒性没有清晰认识　鱼池发病后，为了控制疾病，快速降低死亡量，养殖户一般会选择药性比较猛的药物，比如细菌性败血症发生后，一般会选择苯扎溴铵或者戊二醛甚至是合剂一起泼洒，而苯扎溴铵等对于水质的影响较大，在水质不好的池塘使用可能导致藻类死亡，引起更大规模疾病的暴发。碘制剂作为温和的消毒剂被大量使用在各种细菌性疾病的治疗上，养殖户认为其药性温和，泼洒时随意、不太均匀，导致局部浓度过高，引起鱼类的死亡。

（2）价格对于药品的选择影响很大　同样的碘制剂，标注的含量从2%到99%不等，500g包装的价格从10元到80元不等。大部分养殖户会选择价格便宜的药物，虽然明知其有效成分含量低，但是认为只要使用下去，多少会有效果。这样做的结果是给有效成分含量不足的药品甚至是假药生产商的生存留下了空间，极大影响了疾病的防治效果。

（3）消毒剂的副作用没有被明确　不少有剧毒以及对环境影响很大的药物仍被使用于养殖中，如甲醛被认为有很强的致癌作用，但是在水产养殖中，仍出现整瓶、整箱的甲醛被使用到苗种或者成鱼的养殖中，养殖废水被随意排放，对环境的影响很大。戊二醛残留较久，在养殖前期大量使用后会导致肥水困难。

消毒剂的选择是一件科学且严谨的事情，选择合适的药物，选择正规企业的药物，选择合适的剂量，都是治愈疾病的保证。

（三）抗生素的选择

1.与抗生素的作用有关的一些概念

① 局部作用：药物在吸收入血液以前在用药局部产生的作用，如庆大霉素不能在肠道被吸收，只能对肠道产生作用。

② 全身作用：药物经吸收进入全身循环后分布到作用部位产生的作用，恩诺沙星在肠道可被很好地吸收，经血液循环到达病灶部位，治愈疾病。

③ 副作用：采用治疗剂量时产生的与治疗无关的作用或危害不大的不适反应，副作用是可预见的，但很难避免。泼洒敌百虫后导致鱼类拒食，即是敌百虫使用的副作用。

④ 毒性反应：用药量过大或用药时间过长而引起的不良反应。如长期服用抗生素导致肝胰脏变黄。

⑤ 继发性反应：停药后原有疾病加剧的现象。

2.与投喂剂量相关的概念

① 无效量：药物剂量过小，不产生任何效应（低剂量投喂抗生素预防细菌性疾病就属于此）。

② 最小有效量：能引起药物效应的最小药物剂量（根据鱼体体重计算药量更加科学）。

③ 最小中毒剂量：使生物机体出现中毒的最低剂量（抗生素使用过量也会导致中毒甚至死亡，需根据说明书进行添加，勿盲目加量）。

④ 致死量：使生物出现死亡的最低剂量。

⑤ 吸收：指药物从用药部位进入血液循环的过程。药物吸收得快慢或难易受药物理化性质、浓度、给药方式等因素影响（如盐酸恩诺沙星在体内的吸收不如乳酸恩诺沙星）。

⑥ 生物转化：药物在体内经化学变化生成更有利于排泄的代谢产物的过程，主要生物转化器官为肝脏，长期投喂抗生素的鱼的肝胰脏压力较大。

3.影响药物作用的因素

（1）药物方面的因素

① 药物的化学结构与理化性质：如氟苯尼考为氯霉素的结构同系物，其抗菌性更好，毒性更低。

② 药物的吸收性能：指药物从全身循环转运到各器官、组织的数量多少，主要与药物在肠道的吸收效率有关。

③ 药物的储藏与保管：如漂白粉接触二氧化碳、光、热易失效。

④ 药物的相互作用：如协同（辅药）和拮抗，氟苯尼考与维生素C一起拌服会产生拮抗作用，降低氟苯尼考的药效。

（2）给药方法方面的因素

① 给药途径：口服、注射、浸泡等。

② 给药时间：给药时要让尽量多的鱼摄入到药饵，应在鱼摄食最好时给药。

③ 用药次数与反复用药：主要与有效血药浓度持续的时间有关，如恩诺沙星每天需投喂2次，氟苯尼考每天需投喂1次。

（3）动物方面的因素

① 种属差异：如淡水白鲳、鳜鱼和虾对敌百虫敏感。

② 生理差异：不同年龄、性别的动物对药物敏感性存在差异（外用药物使用时幼鱼剂量减半）。

③ 个体差异：同种动物的不同个体之间对药物敏感性存在差异，主要是体质的差异导致对药物的耐受力的差异。

④ 机体的机能和病理状况：如肝功能障碍等影响药物作用。

（4）环境方面的因素

① 水温和湿度：药效一般与温度呈正相关，温度升高10度，药效约提高1倍。

② 有机物：水体中有机物会影响药效，一般有机物含量高时需加大药物剂量。

③ 酸碱度：酸性药物、阴离子表面活性剂和四环素等在碱性水体中作用弱；碱性药物、磺胺类药物和阳离子表面活性剂随水体pH升高药效增强。

④ 其他：如溶解氧、光照等都对药效有影响，用维生素类拌好饵料后需及时投喂，勿在阳光下暴晒。

4.抗菌药使用中关注重点

① 细菌的敏感性（通过药敏试验筛选可吸收的敏感抗生素对症治疗）。

② 肠道吸收性（能在肠道内吸收的抗生素才能用于全身性的细菌性败血症的治疗；不能在肠道内吸收的抗生素只能用于肠道感染如细菌性肠炎病的治疗）。

③ 最低有效血药浓度（决定药物的剂量）。

④ 有效血药浓度持续的时间（决定每天投喂几次）。

三、增氧机使用的标准化

增氧机是水产养殖不可或缺的重要工具，科学使用增氧机可以保证鱼类生长所需的溶氧，增加池塘养殖鱼类产量，提高池底废物的转化效率，降低鱼类疾病的发生率。

（一）常见增氧机的类型

1.叶轮式增氧机（图4-2）

主要通过叶轮搅动水体，形成水花，通过空气与水花的接触带入氧气，具有一定的促进水体对流的作用。

图 4-2　叶轮式增氧机

2.水车式增氧机（图4-3）

通过叶轮的不断推动形成水流，在池塘中设置3～4台水车式增氧机，可使池水微流动，便于高位池的排污，也可增氧溶氧。

3.涌浪机（图4-4）

通过搅动水体，促进上下层水体的对流，一般晴天中午开启，可将富含溶氧的表层水带入到池塘底部，改善池底的氧债，总体上提高池塘溶氧量。其适用范围比较狭窄。

图 4-3　水车式增氧机　　　　　　　　　图 4-4　涌浪机

4.底层微孔增氧机

通过罗兹鼓风机将空气压缩后从水体底层的增氧盘释放进而提高溶氧，主要可以有效改善池塘底部的溶氧状况（图4-5）。

5.喷泉式增氧机（图4-6）

喷泉式增氧机结构简单，通过将池水喷洒在空气中，空气与水接触后溶入水中从而提高表层水的溶氧量，对池塘底部的增氧效果不大。

图 4-5　底层微孔增氧　　　　　　　　图 4-6　设置在投饵区的喷泉式增氧机

（二）增氧机的作用

1.增氧

通过搅动水体，形成水花，增加水体与空气的接触，增加水体中的溶氧或者直接将压缩空气从池底释放，提高溶氧。

2.搅动水体，促进水体对流

晴天中午表层水体中光合作用旺盛，产生了大量的氧气并过饱和后逸散到空气中。通过搅动水体，促进表层水和底层水的对流，可以将表层过饱和的溶氧带入到池塘底部，改善池底缺氧的状况。

3.曝气

鱼苗池水位较浅，水质清瘦，阳光直射后水温上升较快，氧气溶解度下降，溶解的氧气气化后形成气泡，并在上升过程中被鱼苗误食，形成气泡病。通过打开增氧机，可以促进过饱和气体的逸散，减少气泡病的发生。

（三）增氧机的使用时间

1.缺氧时开（图4-7）

水体缺氧时，应及时打开增氧机（涌浪机不可以开），提高增氧机周边溶氧。条件允许时，可将增氧剂灌装于塑料瓶（可乐瓶）中，并在瓶身制造一些孔洞，将瓶子挂在增氧机旁，然后打开增氧机，可以更快地缓解缺氧的状况。

图4-7　缺氧时及时打开增氧机

2.晴好天气中午开

晴天中午，水体表层光合作用旺盛，可产生大量的氧气。由于水体上下交换有限，表层富含溶解氧的水难以到达底层，通过打开增氧机，可促进水体对流，从而打破水体分层尤其是溶氧的分层，促进池底溶氧的提升。主要使用叶轮式增氧机、水车式增氧机或者涌浪机。

3.水华池塘白天常开

藻类大量生长后可形成水华，如蓝藻、裸甲藻等。天气晴好时，藻类会聚集在水体表层争夺阳光，造成水体的分层如溶氧的分层、水温的分层、光照的分层等，导致池底缺氧严重，夜间极可能形成泛塘。因此发生水华的池塘，晴朗天气可保持增氧机常开，打破水体分层，促进水体对流。主要使用叶轮式增氧机、水车式增氧机或者涌浪机。

4.投饵前打开增氧机

夏季晴天的中午经常可以感觉到鱼的摄食无力，躲藏在水面以下摄食，这种情况主要与表层水温过高有关。根据测量，夏季中午表层水温可达42℃甚至更高，水面以下30厘米处约30℃，池底约22℃。过高的水温会阻碍鱼的摄食，投饵前10min打开投饵机旁的增氧机，可以促进投饵区域的水体对流，降低表层水的温度，提高鱼的摄食强度（图4-8）。主要可用水车式增氧机。

图 4-8　投饵前打开增氧机可提高投饵区溶氧，调节表层水温

5.用药后打开增氧机

药物泼洒后会在表层水体形成较高的浓度，可能引起表层鱼类中毒。为了促进药液快速溶散，可在用药前10min打开增氧机，至用药后再开2h，并留在

图 4-9　施药时打开增氧机可促进药液溶散

池边观察池鱼，发现异常及时换水（图4-9）。主要使用涌浪机、水车式增氧机或叶轮式增氧机。

6.捕捞时打开增氧机（图4-10）

为了便于运输，鱼在捕捞后会在网箱内暂养一晚，以便排空粪便，防止运输过程中在水车内大量排便，导致水体恶化，影响运输的成活率。为了防止网箱内缺氧，应在网箱旁常开增氧机。主要使用叶轮式增氧机、水车式增氧机或者喷泉式增氧机。

7.氨氮、亚硝酸盐等水质指标超标时打开增氧机

养殖中后期，由于残饵、粪便的大量积累，导致池底恶化，水体富营养化，氨氮、亚硝酸盐超标成为常态。氨氮、亚硝酸盐的产生主要与池底缺氧有关。因此在氨氮、亚硝酸盐超标的池塘，应增加增氧机打开的频率。所有类型的增氧机都可使用，缺氧时不用涌浪机。

8.投饵区及重点区域常开（图4-11）

投饵区是鱼聚集摄食的场所，残饵、粪便较多，淤泥较厚，也是病原大量滋生的地方。可在投饵台设置增氧机，最好是底层微孔增氧，通过常开缓解池底缺氧，减少厌氧菌的繁殖和危害。

图 4-10　捕捞时打开增氧机可保证
　　　　　 网箱内的溶氧

图 4-11　投饵台底层微孔增氧

9.阴天次日凌晨开

阴天光照不足，藻类光合作用弱，产氧不足，到凌晨时水中溶氧已经消耗较多，此时应打开增氧机直至天亮，并加强巡塘频次，发现问题及时处理。涌浪机不可使用。

10.连绵阴雨半夜开

连绵阴雨，长期光照不足，整个池塘中的溶氧状况较差，为了防止严重的缺氧，除了减少饵料投喂外，应在半夜时分打开增氧机，提前缓解缺氧的状况，避免更大问题的出现。涌浪机不可使用。

（四）什么时候不应该使用增氧机

1.缺氧时涌浪机不要开

池塘缺氧时，池底的缺氧往往更加严重，此时打开涌浪机，会导致整个池塘溶氧快速下降，引起严重的后果。生产中经常遇见在池塘缺氧时打开涌浪机引起泛塘的案例。

2.傍晚不要开

下午随着光照的不断减弱，光合作用的强度也逐渐减弱，傍晚时分水体表层的溶氧开始下降，此时打开增氧机会导致表层溶氧下降更快，还可能导致底泥上翻，有机质释放，而有机质的分解也需要消耗氧气，导致夜间溶氧不足，引起缺氧。

3.阴天中午不要开

阴天水中藻类光合作用弱，中午时产氧也不多，此时打开增氧机会导致整个池塘溶氧快速下降，至夜间可能出现严重的缺氧。必要时喷泉式增氧机可开。

4.水位过浅时不要开

增氧机可以搅动水体，形成水体对流。过浅的池塘打开增氧机后池底上翻，产生大量悬浮物，导致水色发黄（泥浆水）、水体透明度降低，进而降低了藻类光合作用强度，也增加了夜间细菌分解有机质时的氧气消耗，导致溶氧低下。增氧机架设时应选择水位较深的区域。

增氧机是水产养殖的重要工具，合理使用可缓解水体缺氧。但是增氧机的增氧效果有限，水体严重缺氧后即使打开增氧机，也可能无法解决缺氧的问题，切勿将增氧机当做救命机。

四、饲料投喂的标准化

鱼体营养的摄入与4个因素有关：一是饲料的营养配比；二是饲料的投喂方法，包括投饵机类型、投饵率等；三是饲料的消化效率；四是肠道的吸收效率。

饲料的营养配比由饲料企业设计，养殖户无法左右饲料的配方，只能通过价格区间对饲料档次进行选择。饲料的投喂由养殖者完成，是科学性很强的工作，应该与天气状况、水体溶氧状况、鱼体状况、发病情况联系起来。饲料的消化有两个重要的相关因素，一是消化液的数量及消化酶的活性，二是溶氧量。消化液主要由肝胰脏分泌，肝胰脏的状况直接关系到消化液的分泌，而消化液中的消化酶的活性决定着消化的效率，消化酶活性的重要相关因素是温度。消化后的饲料在肠道被吸收，肠道状况决定着营养吸收的效率。

　　因此，饲料质量、投喂方法、溶氧状况、水体温度、肝胰脏状况、肠道状况决定着饲料的消化、吸收效率，直接决定着饵料系数。

　　影响饲料投喂的相关因素如下。

1.水温

　　饲料的消化效率与消化酶的活性高度相关，消化酶的活性与温度高度相关，在一定的温度范围内，温度越高，消化酶活性越强，消化效率越高。常见淡水鱼类的最适生长温度为18～30℃，其中22～28℃时消化酶活性最强，鱼生长最快，应是投喂量最大的温度区间。当水温低于16℃及高于30℃的时候，应该降低投饵率。

　　冬季天气晴好时也需投喂，以保持鱼类的基础代谢，有胃鱼2～3天投喂一次，日投饵率不超过3‰，无胃鱼1～2天投喂一次，日投饵率不超过5‰。

　　阴雨天气、降温天气停止投喂。

2.溶解氧

　　饲料的消化、吸收都需要溶氧的参与。池塘中的溶解氧含量主要与藻类的种类及丰度、耗氧物的多少及水温（氧气的溶解度跟水温成反比，温度越高，单位水体中能溶解的氧气是越少的）相关。因此在闷热天气、雷暴雨天气，傍晚一顿应不喂或少喂。另外水质清瘦、有机质含量较高、夜间容易缺氧的池塘，傍晚一顿应该不喂或者少喂。连绵阴雨天气，藻类光合作用较弱、产氧不足的池塘应降低投喂量。

3.规格

　　不同生长阶段的鱼对营养的需求是不同的，正常情况下，鱼苗及鱼种需要的营养相对于成鱼更多、更高，投饵率及饲料档次均应高于成鱼。在溶氧充足的情况下，鱼苗及鱼种的日投饵率应保持在5%以上，而成鱼的日投饵率不要超过3.5%。

4.天气

　　天气决定着光照强度，光照强度决定着光合作用的效率。在阴雨天气，光照较弱，池塘产氧较少，应不投喂或者降低投喂量，避免饱食后的鱼出现缺氧的情况。

5.换料（转料）

生产中经常会有需要更换饲料的情况，既有更换同品牌的不同型号饲料的需求，也有更换其他品牌饲料的需求，无论哪种情况，都应该逐步完成换料的工作。

换料第一天，用70%～80%的原用饲料加上20%～30%的新料，混匀后投喂，第二天降低原用饲料的比例，提高新料的比例，通过5～7天时间完成饲料的更换工作。

如果直接用新料替代原饲料，有可能引起鱼类拒食。

6.疾病发生时

不同的疾病发生以后，饲料的投喂策略不同。病毒性疾病可通过摄食时鱼类的接触进行传播，发生病毒性疾病后应该停料3～5天，然后从正常投饵量的三分之一开始逐步恢复投喂；细菌性疾病治疗时需要添加足量的抗生素以保证疗效，因此需足量投喂饲料，以保证所有鱼类摄食到足够的药饵；绦虫病发生以后，投喂不足时健康鱼会在饥饿状态下四处觅食，将虫卵或幼虫摄入，引起发病，发现有绦虫寄生后，应加大或者保持投喂量。

7.快速生长期

饲料的选择、投喂可根据养殖计划灵活调整，若要快速提升鱼的规格，加快生长速度，可将颗粒饲料更换为膨化饲料，其吸收利用率更高，鱼类生长速度更快，以达到快速上市的目的。不过膨化饲料由于制粒温度更高，维生素破坏更多，应额外添加维生素。

8.秋季管理

秋季的投喂管理非常重要，与开春后的鱼类健康密切相关。在秋季，由于水温降低，可适当减少投喂量，同时提高饲料档次，并添加免疫增强剂、保肝类药物、维生素类，提高鱼的体质，保证越冬期及越冬后鱼的健康，减少疾病的暴发。

参考文献

[1] 汪开毓，耿毅，黄锦炉.鱼病诊治彩色图谱.北京：中国农业出版社，2011.

[2] 农业部《新编渔药手册》编撰委员会.新编渔药手册.北京：中国农业出版社，2005.

[3] 袁圣.如何快速区分鱼类细菌病和病毒病[J].水产前沿，2016（7）：87.

[4] 袁圣，薛晖，陈辉.如何正确寻找水生动物病害的病因[J].水产前沿，2020（6）：74.

[5] 袁圣，王大荣，陈辉，章晋勇.浅析渔药使用的误区[J].水产前沿，2016（9）：98-99.

[6] 袁圣，章晋勇，陈辉.微山尾孢虫病的防治[J].海洋与渔业，2017（5）：58.

[7] 袁圣，赵哲，章晋勇，薛晖，陈辉.鱼体体表检查的标准化[J].水产前沿，2021（6）.

[8] 袁圣，赵哲，章晋勇，薛晖，陈辉.鳃丝镜检的标准化[J].水产前沿，2021（6）.

[9] 袁圣，赵哲，章晋勇，薛晖，陈辉.鱼体内脏检查的标准化[J].水产前沿，2021（6）.

[10] 袁圣，赵哲，章晋勇，薛晖，陈辉.鱼体检查时的注意事项[J].水产前沿，2021（6）.